中华优秀传统文化是什么

孝道
第一课

高路 著

中国国际广播出版社

"中华优秀传统文化是什么"丛书总序

——传统文化与人性哲学

高　路

在深入学习领会《关于实施中华优秀传统文化传承发展工程的意见》精神的基础上，中国国际广播出版社策划编撰"中华优秀传统文化是什么"丛书。第一批推出四册，分别是《儒家第一课》《道家第一课》《法家第一课》《孝道第一课》，侧重于阐发中华优秀传统文化精髓；其后将陆续推出富于传统文化内涵的礼制、家谱、戏曲、国画、中医等方面的其他著述，为"汲取中国智慧、弘扬中国精神、传播中国价值，不断增强中华优秀传统文化的生命力和影响力，创造中华文化新辉煌"做出实际努力。

中华优秀传统文化的精髓在哪里？在中国哲学。中国哲学的精髓在哪里？在人性论。正因为我们的文化站立在人性哲学的基石上，形象地说是从人性之根长成的参天巨木，才千年不枯、不折、不倒，也才能在新时代的春天里萌发满枝新绿，而其他文明古木则无一不遭到毁弃，变成荒漠中供人凭吊的化石。

儒、道、法三大家对人性各有各的见解。儒家立足于人性善，从中引发出一系列道德原则和规范，用以教化人，建构和谐的人生、家庭和社会。道家立足于自然天性，倡导天人合一的人生境界，顺应生命的自然而然过程。法家立足于人性恶，诉诸严刑峻法，走向国家主义，以建立大一统强权为奋斗目标。

儒家建立和经营伦理道德体系，固然是为了规范行为、调整关系，更是为了把人塑造成符合人的理念的人。这在孔子那里叫作"成人"，即成为人。子路问怎样才能成人，孔子搬出四个人，要他学习臧武仲的知、公绰的廉、卞庄子的勇、冉求的才，再以礼乐进行修饰，说这样差不多可以算是"成人"了（见《论语·宪问》）。同样的问题孔子也回答过颜回（见《说苑·辨物》）。孔子这里是因材施教，针对子路的情况提出具体措施，如果扩大到所有人，那就不仅仅是这几条了，而适用于所有规范。儒家的礼乐文化实质上是为"成人"服务的，体现的是以人为本。显然孔子心目中存在着一种关于人的认识，它高于现实，代表着人的发展方向，是人的价值的终极目标，人之所以为人就在于他处在向这一目标行进的位置上。由此可以说儒家致力的是"造人"工程。

孔子的这一思想我们在马克思那里也能看到，谓之"人的生成"，也就是向着全面的人的生长。马克思指出，共产主义是"人以一种全面的方式，也就是说，作为一个完整的人，占有自己的全面的本质"（马克思《1844经济学哲学手稿》）。全面的本质其实就是人的理念，历史从根本上说是人的建构过程。

"成人"是从本质上表达人，代表人的原型，要知道我们从哪里来到哪里去，看看"成人"就清楚了——"成人"是本原，构成了我们的出发点；"成人"是终极目标，构成了我们的归宿地。

　　道家正好相反，是以儒家对立面的姿态登上文化思想舞台的。老子的宇宙在本质上是一个虚无的世界，无针对的是有，有指的是儒家那套伦理道德、礼乐制度，世界本来没有这些东西，最初是纯粹的自然，也就是无，这才是本原。统治者（庄子说的圣王、圣人）不甘寂寞，发明出道德、制度和物质文明，强加给世界和人类。你不接受，他就撸胳膊挽袖子强拉硬拽地迫你站队。为了有效推行这套东西，统治者实行重奖，谁做得好就升谁的官、发他的财，结果老实巴交的汉子变成满肚子心机、损公肥私的名利之徒，毁了世界也害了人类。

　　在道家看来，这一套有害无益，纯属多余，就像人在五根手指之外又多长出一根，完全是累赘，很不正常。怎么办？出路只有一个，那就是把这根手指去掉，回到自然天性，重返虚无。宏观治理上这叫人效法地、地效法天、天效法道、道效法自然（见《老子·第二十五章》）；文化上这叫断绝圣人言论，抛弃思想智慧（见《老子·第十九章》）；个人生活上这叫减少再减少（见《老子·第四十八章》），合起来就是"无为"，也就是顺其自然，也叫自然而然。

　　道家思想很了不起，非常自觉地沿着世界观到人生观再到价值观的思路运转，由自然的世界引出自然的人性，再引出回到自然或者说返璞归真的人生最高意义。

　　法家出自道家，放大其阴柔的一面，将《老子》中的治理术细微化、系统化，结合政治实践给予创造发挥，终于自成一家。道家的自然人性被法家解读为人性恶，应该说不是歪曲。食、色是人的天性，与生俱来，属于不学自会的本能，可谓人身上的动物性，儒道两家称之为"人欲"，都主张给予限制。儒家的"成人"就包括用道德打压欲望，譬如克己复礼。道家的返璞归真也包括阻塞欲望，譬如清心寡欲。可见欲望是要打个问号的，不能过线。法家就是在此处做文章，即限制人欲又纵容人欲。

一方面确立法治国策，打造强权政治。为什么儒家的德治不灵？因为依据的是人性善，这是个根本错误，人性实际上是恶，食、色最后一定表现为贪婪。既然人性恶，就不能用引导的办法，而应该也只能走惩罚的道路，于是法家便搞出一套严密苛刻的法律，强制推行。这实际上是与民为敌，拿老百姓当贼盗防。

一方面利用人欲，驱使民众。你不是想升官发财吗？好，我给你机会，你好好种地，丰收有重赏；你去当兵，战场上杀一个人我给你一级爵位。这些奖励都用法律形式固定下来，条条对号入座，人人有份。于是战场上的秦国士兵红了眼，腰上挂着斩获的人头，光着膀子大喊大叫往前冲，面对这等虎狼之师，哪有不闻风丧胆的？

法家的字典里没有慈悲，一切围绕的都是国家的强大，也不见人的地位，人的价值全在于充当富国强兵的工具。

譬如孝道。儒、道、法三家都主张行孝，其中儒家最为突出。孝在儒家道德体系中属于核心规范，具有调整家庭家族关系、社会关系乃至政治关系的意义，用民间语言表达就是百善孝为先。道家反对过度用力，认为孝作为一种天生的感情和行为，自然会在每个人身上体现出来，自然而然地去做就是了，人为的强调反而会造成负担，导致虚伪，疏远人们之间的关系。法家着眼的是不尽孝的那一面，说跟这样的逆子讲道理是没用的，因为其人性特别不好，对付这种人只有一个办法，就是交给官府。执法吏腰里挂着锁人的链子手里提着刀戈棍棒上门来，不孝子马上老实了，再也不敢忤逆，因为等着他的是监禁和刑罚，悖逆或违法的成本太高。用一句话概括三家在孝道上的根本对策：儒家是文化主义的，诉诸立德和教化；道家是自然主义的，遵从个人的自觉自愿；法家是国家主义的，依赖权力对生活的全面干预。

求道不求术。无论哪一家，具体做法可以商量，也可以变通，甚至可以综合互补，但立足于人性哲学这一点，也就是道，任何时候任何条件下都有价值，应该给予继承和发扬，使我们的生命更自觉、更主动、更有意义。

孝 XIAO

敬 JING

父 FU

母 MU

幸 XIN

福 FU

自 ZI

己 JI

中华优秀传统文化是什么

孝道第一课

孝道是中华民族最鲜明的一个性格特征。不是说其他民族不讲孝敬——《圣经》中上帝亲自宣布的神圣十戒的第5戒就是"应当孝敬父母"——而是说只有中华文化才把它视为"道"。什么是"道"？"道"的本意是光明大路，引申为基本规则，根本道理。与孝连用，就是对待父母长辈的规则，全天下的儿女都应该也必须遵循这个道理。孝道的根本性、普遍性不仅表现在亲人之间，还表现在对老年人的尊敬和照料上，所谓的孝亲敬老；同时也表现在更广阔的社会各个领域。在古人看来，它是通达天地、理顺人伦、弘扬道德、治理国家、维持秩序、确立个人位置，是增强个人、和睦家庭、协调社会、整合文化、移风易俗的"大经"，即大法则。可以这样说，孝道作为古代中国的意识形态，其根本价值是定。定，稳定、确定、奠定。孝道定天地、定人伦、定道德、定国家、定秩序、定个人、定家庭、定社会、定文化、定风俗、定幸福。借用神话道具，孝道是古代中国的定海神针，意义极为深远。

"道"通导，意即引导，孝道是快乐幸福的导向。一般以为，尽孝是子女的付出，是对父母养育之恩的回报，受益的是双亲。其实尽孝的最大受益者是子女自己。之所以这么说，主要有三个方面。首先，从继承方面看，子女是父母终其一生所积累的物质财富、人际关系、经验教训的继承者。其次，从快乐方面看，尽孝是一个体验天伦之乐、成人之乐、自由之乐的过程，这样的愉悦及其带来的幸福感是其他活动难以企及的，也是不可替代的。再次，从价值观方面看，孝道是树立心灵依托的一个途径。在社会转型的大变局中，随着社会结构、家庭结构和价值结构的彻底改变，孝道已经失去了"大经"的地位，但作为一种思想意识、一种道德规范、一种心理感情却仍旧存在，并且继续发挥作用。它的根子牢牢地扎在人性中、民族性中，为家庭生活和社会生活所必须。今天的孝道无疑是一种历史传承，但绝不是古代的复制品，其中不平等、不公正、不自主等内容已经基本荡涤干净，而亲情则保留下来，并且日益突显。这种中国式亲情是建构主流价值体系的一个基本因素，是具有民族性格的一种普世价值。具体到我们每一个人的人生来说，亲情表达的是一种最终关怀，最终价值，是自我的安身立命之所。

　　由于尽孝的最大受益者是子女自己，所以我们说：孝敬父母，幸福自己。

目 录

SHEN

ME

SHI

XIAO

DAO

中华优秀传统文化是什么

孝道第一课

孝道的演进

　　孝道是历史的产物，其精神实质是敬爱。经过儒家的弘扬和历朝为政者的推行，经过民众世代实践和传承，孝道积淀成为一种民族心理，一种生活方式。从古至今，它都是民族身份识别的人格特征之一。

子 子

公元前497年，孔子离开鲁国，前往卫国，踏上了游说诸侯的漫漫长路。本来他是打算在鲁国实现自己的政治理想的，不想遭到暗算，不得不辞去以大司寇代行相事的职务，远走他乡寻觅更给力的明君，借以把自己的新政继续做下去。路上的行人越来越多，两旁的村舍也越来越稠密，农田连成片，一望无际，看上去卫国的物质条件比鲁国还要好。大家渐渐兴奋起来，信心倍增。这时驾车的子路突然问坐在身边的孔子："要是卫国君主真的请夫子您主持政务，您老准备从哪里入手？"孔子几乎没有思考，脱口道："那一定是正名了。"子路大失所望，说："怎么是这个呀，也太迂腐了吧。"（《论语·子路》）

子路不知道，卫国的政治比鲁国还要糟，简直是一团乱麻。国君卫灵公是一国之主，应该大权在握；然而君夫人南子却不安分，野心勃勃，分走了一部分权力；太子蒯聩（kuì）也不是省油的灯，他是前夫人所生，正牌国君大位继承人，自然不能容忍，也拿去一部分权力，结果形成了三足鼎立的局面。这就是名不正。国君是夫，君夫人是妻，南子理应服从卫灵公，如今竟然与丈夫相对抗，这符合自己作为妻子的身份吗？国君是父，君夫人是母，太子是儿子，蒯聩理应服从卫灵公和南子，如今竟然与父亲、母亲相对抗，这符合自己作为儿子的身份吗？卫灵公是夫，是父，理应管好妻子和儿子，如今竟然任由南子和蒯聩闹独立，这符合自己作为丈夫和父亲的身份吗？名乱了，政治自然搞不好，所以孔子认为正名是解开这团乱麻的头绪。接着，孔子就讲了那句名言："名不正，则言不顺；言不顺，则事不成。"（《论语·子路》）是说，名不摆正，说出的话就没人听；说出的话没人听，事业就无法开展。为什么呢？因为大家都没有站在自己的位子上，南子和蒯聩是出位，手伸得太长，妻子说本来应该由丈夫说的话，儿子说本来应该由父亲说的话，这样的命令、号召、要求，除了各自的死党外，别人不会遵从，当然也就做不成事；卫灵公是失位，该管的管不了，渐渐没了权威，说出的话如同耳旁风，也成不了事。

如何正名呢？往前推几年，齐国君主齐景公曾经就为政向孔子讨教。孔子给出八个字："君君，臣臣，父父，子子。"（《论语·颜渊》）这里重叠的两个字，前一个字指个人所承担的"名"，用今天的话说叫角色，后一个字指"分"，用今天的话说叫标准，"名"必须符合"分"，这种关系就叫名分，表达的是一个人扮演的角色必须与社会对这个角色的要求、规定相一致。这句话的意思是，君主要像君主，臣子要像臣子，父亲要像父亲，儿子要像儿子。联系卫国的情况，国君、君夫人、太子的称号就是"名"，各自称号所代表的位置就是"分"，正名就是让国君卫灵公到位，君夫人南子和太子蒯聩归位，大家都回到自己的位置上。

　　从哲学高度看，"名"与"分"是个别与一般、具体与普遍的关系。"名"是具体的人，属于现象，"分"是一般事物，属于本质。古希腊哲学家柏拉图（前427—前347）分别称其为具体和理念，前者是相对的，后者是绝对的，前者是对后者的效仿、临摹和追求。把柏拉图思想用于父子，父亲之所以成其为父亲，是因为他按照父亲的理念去做，儿子之所以成其为儿子，是因为他按照儿子的理念去做，这时候他们是现象与本质的统一。一旦父亲失职，或者儿子犯浑，现象与本质便分离了，父亲空有父亲的名义，儿子空有儿子的名义，父子关系扭曲变形。于是就需要正名，把本质找回来，使之名副其实。

　　那么，什么样的儿子才像儿子呢？一言以蔽之，遵守孝道的儿子。"子子"的后一个子，从根本上说就是孝道。

孝道的本质

　　孝道并不是一开始就像它后来的样子，它经历了一个从无到有、从动物性服务升华为人性精神的过程。

1　野蛮时代：弃老

　　佛教《杂宝藏经》中有一个故事，说的是很久以前一个名叫"弃老国"的国家中发生的事。在那个国家，人一进入老年，就会被遗弃掉。有一个大臣，他的父亲年纪老了，依照国法，应该赶得远远的，这位大臣不忍心，在家里挖了个洞，把老父藏在里面。后来一位天神来到弃老国，给国王出题，说如果能答上来，他就做国家的保护神，如果答不上来，就把国王连同国家一起毁灭掉。天神的问题非常难，大家想破了脑袋也回答不了。那个大臣回到家里，把问题说给父亲听，父亲一下子就破解了。第二天，大臣按照父亲的话答复了天神。天神不甘心，接二连三地出题，没有一个能难住大臣的父亲，于是天神做了弃老国的保护神。

　　人类历史上，确实存在过一个遗弃老人的时期。那个时期被称作野蛮时代。人类刚刚开始摆脱动物界，劳动效率极其低下，还不知道真正意义上的畜牧业和农业，以采集、狩猎、捕鱼为手段，完全依赖现成的自然产品而生存。这时最大的问题就是人的生存需求与资源稀缺的矛盾，可供食用的动植物本来就不多，再加上其生长周期漫长，所以人们常常处于饥饿状态。这个矛盾引发了人与人的矛盾，对外是争夺资源的战争，对内则是淘汰，首当其冲的就是老人。他们的体力日渐消退，不能像狗一样奔突攻击野兽，也不能像猴子一样上树采摘果实，已经成了群体的沉重负担，除了被抛弃之外没有别的办法。这种做法没有任何障碍，既不受道德的谴责又不受感情的约束——那时遗弃老人是符合道德的，是以牺牲衰老换取活力，不止是让年轻健康的生命存活下来，而且可以使族群永远保持旺盛；那时遗弃老人是符合感情的，氏族制和群婚制条件下，谈不上所谓的亲情，人们不知道生身父亲，而把自己抚养大的也不是母亲，而是氏族中所有成年人。故事中弃老国对老人的态度，大概就是那个时期的遗风。

《庄子·天运》中有这样两句对话：宋国的太宰问庄子什么是至仁？庄子答"至仁无亲"。最高的仁爱就是没有亲情。道家崇尚自然，而野蛮时代是最接近自然的时代，在这个时期，人类感情中人文的东西不多，爱不分远近，没有亲疏，对谁都一个样，尚未形成后来对父母的亲情意识。

与东方不同，西方文化更喜欢以冲突的眼光来解读那时两代人之间的关系，所谓的俄狄浦斯情结反映的就是这一点。古希腊特拜城的国王拉伊俄斯曾经恩将仇报，神谕说他将遭到被自己亲生儿子杀死的报应，于是他抛弃了儿子俄狄浦斯。俄狄浦斯长大后，在路上遇到一个老人，老人嫌他挡道，挥鞭打他，他抡起手杖还击，不想用力过猛，把老人打死了。俄狄浦斯来到忒拜城外，被长着美女头和雄狮身子的怪物斯芬克斯拦住，强迫他猜谜，要是答不出来，就撕碎了吃掉他，不少忒拜城的居民已经丧身它的腹中。谜题是"早晨用 4 只脚走路，中午用 2 只脚走路，晚上用 3 只脚走路；是所有生物中唯一用不同数目的脚走路的物种；脚最多的时候走得最慢，身体也最没力气。打一生物"。俄狄浦斯一下子就猜到了，是人。斯芬克斯羞愧难当，跳下悬崖摔死了。忒拜人高兴万分，将俄狄浦斯迎入城中，他们的老国王刚刚死去，大家便推举这位聪明的英雄为王，并把王后嫁给他。俄狄浦斯与王后非常恩爱，一连生了 4 个孩子。许多年后，一场可怕的瘟疫发生了，大家束手无策。这时一个预言家站出来告诉人们，瘟疫是神祇降下的惩罚，因为杀害老国王的凶手就藏匿在他们中间，这个罪犯不是别人，正是他们的国王俄狄浦斯！原来俄狄浦斯在路上打死的那个老人是他的生身父亲拉伊俄斯，而他占有的王后则是他的生身母亲，他们的儿女其实是他的弟弟和妹妹。俄狄浦斯几乎疯了，拔剑朝王后的卧室跑去，想杀掉她，可晚了一步，王后已经用一根绳子结束了自己的生命，长长的头发垂下来，遮住了脸——她实在没脸见人。俄狄浦斯抓起一只钩子，刺瞎了自己眼睛——他不想再看到这个世界。俄狄浦斯抛弃了自己，像所有的盲人一样，踏上了乞讨道路。

这个故事被西格蒙特·弗洛伊德（1856—1939）多次引用，它所包含的弑父恋母情结在弗洛伊德学说中具有基础性意义，在微观上被用来说明人的精神结构，在宏观上被用来说明历史进程。按照弗洛伊德的说法，野蛮时代的部落权力掌握在父亲手中，实行的是个人专制。他独霸部落中所有女人，强迫儿子们独身，因为只有使他们没有自己的小家庭，才能够保持群体这个大家庭。就这样不知道过了多少代，终于有一天，儿子们的怒火爆发了，他们合谋杀死了父亲，并且分吃了他的遗体。然而新的矛盾出现了，领袖只能有一个，而兄弟们却有许多位。斗争的结果是妥协，那就是谁也别当独裁者，权力由大家共同掌握，以联合统治的形式取代个人专制。与这项契约同时达成的还有一个协议，就是大家放弃对部落内女性的占有，实行外婚制。正是这两项制度，把人类由野蛮时代推进到文明时代。弗洛伊德的解说是否正确是另一回事，在这里我们想通过他的描述来说明，在野蛮时代，人们不知道孝为何物。

2 文明时代初期：养老

人类进入文明时代的一个标志是文字的出现。孝字就是在这个时候产生的。

传说汉字的创造者是黄帝的大臣仓颉（jié）。古书说他"四目灵光""通于神明"。他比一般人多出两只眼睛，灵光四射，具有刺破世界奥秘、揭示对象本质的洞察力，所以说通达神明。汉字的创造惊天动地。《路史·前记》这样叙述：汉字一经诞生，惊得"天为雨粟，鬼为夜哭，龙乃潜藏"。天、神、动物的反应是不同的，天像下雨一样降落粮食；神鬼在夜里嚎哭不止；动物找个隐蔽地方赶紧躲起来。

汉字不是平常的几道笔画，它通于神明，直逼本质。孝就是这样一个字。𡥘，这是孝字的篆体，由老字和子字两部分组成，表示的是子女与父母的关系。老字做了省略，位于上方，是一个老人的形象，大概是因为人老了怕冷，头上戴了不少东西，背已经驼了，腰深深弯下来，走起路来一定很吃力；子字处在下面，是背负老人的儿女形象，他的双手伸到身后，扶紧老人的腿，生怕他摔下来，而老人的胳膊则抱着儿女的肩膀。中国最早的字典《尔雅》这样解释孝字："善父母为孝。"善，通赡，也就是我们常说的赡养。孝字反映了这一时期子女对父母的关系，从根本上说就是养。

从野蛮时代的弃老到文明时代初期的养老是一个质的飞跃，孝字的产生标志着孝道或者说孝文化开始形成。造成这一巨大进步的是生产力的发展。这时候人类已经学会了畜养动物和耕种植物，从中得到的收获远远超过了原始的采摘和渔猎，而且更有保证。《礼记·祭统》这样解释孝："孝者，畜也。"畜，种地积攒下来的收获。用这些东西来赡养老人就是孝。这一时期人类的生产已经有了剩余，可以养活失去劳动能力的人了。文字的产生为什么惊天动地？因为它的后面是一种生产力，使人类得以像天空降雨一样收获粮食；自此人们不必完全依赖鬼神的恩赐，所以它们感到很失落，郁闷得哭了起来；同时自然界成了人类改造和利用的对象，其独立进程被彻底打断，纳入到人的活动中，成为人类史的一部分，所以代表自然界的龙恐惧不安，逃得远远的。

伴随着畜牧业和农业的诞生，社会结构发生了根本变化，其最大成果是一夫一妻制家庭的产生。从前社会的基本组织是氏族，一种由血缘关系结成的大家庭，而现在则换成了由没有血缘关系的一个男人和一个女人以及他们共同生育的子女所组成的小家庭。当然氏族仍旧存在，但影响开始缩小，公共财产中的一部分渐渐转移到小家庭名下，抚养下一代的责任也就更多地由父母来承担。身份和责任的明确加深了子女与父母的联系，不止是血缘的，也是经济的，这无疑增强着双方的情感，为养老奠定了人情的基础。抛弃老人不仅是不道德的，就是感情上也割舍不了。

同时社会也承担养老责任。古代华夏有国老和庶老，前者是退休的大夫、官员，后者是不能从事体力劳动的普通百姓，也就是所谓庶民中道德和学问都不错的老人。那时的教育机构同时也是养老的地方，国老和庶老在那里一边养老一边当老师，发挥余热。据《曲礼》记载，舜的时代，教育机构叫庠（xiáng），庠分上下，分别安置国老和庶老。禹的时代以及夏朝，教育机构改叫序，分东序和西序，国老进东序，庶老进西序。商朝的教育机构叫学，分左右两学，国老在左学，庶老在右学。到了周朝，学校叫胶，分东胶和西胶，国老被安置在东胶，庶老被安置在西胶。这从一个侧面反映了当时社会的养老情况。

这也说明，老人并非没有用处。其实老人的作用不止于此，在生产上也一样可以发挥余热。在采集和渔猎的条件下，他们的消耗超过了贡献，但在畜养和种植的条件下，情况便颠倒过来。畜牧业，特别是农业，是一种较为稳定的生产活动，何时到何地放牧，在某个地域何时播种等经验常常决定着收获的多少，而这些则与年龄有关，岁数越大，经验越多。老人的经验成了一种特殊的财富，老人有了不可替代的价值。前面"弃老国"的故事中，人们答不上来的难题，大臣的老父却毫不费力地破解了，就是经验在发挥作用。

在这个故事的最后，国王询问大臣是怎么想出来的答案，大臣道出原委，说所有答案都来自老父的智慧，为此他恳请国王允许人们奉养自己的双亲。国王听从了，发布命令说，从今往后，不许遗弃老人，儿孙必须赡养长辈，对不孝顺父母的人、不尊敬师长的人，一律处以重罪。弃老国抛掉了野蛮陋习，进入文明社会。

③ 文明时代发展期：敬老

从弃老到养老是一个艰难漫长的过程，为此人类不知付出了多少努力，然而孔子并不满足。学生子游请教什么是孝，孔子说："今之孝者，是谓能养。至于犬马，皆能有养。不敬，何以别乎？"（《论语·为政》）意思是，如今所谓的孝，说的是能够赡养父母。然而像狗和马之类，也能够为人服务。要是缺少了尊敬，不是把人降低到畜类的水平上了吗？孔子的意思很清楚，仅仅是赡养父母，即便是像马那样卖力气，像狗那样忠诚，也算不上孝。为什么？因为在这方面人比不过家里的牲畜。

孔子是从人与动物的区别来讲孝的。不是说动物也能赡养父母。动物具有抚养子女的能力，但绝无赡养父母的品性：无论是食草类动物还是食肉类动物，也无论是弱小动物还是强悍动物，成年后都独立生活，与父母再无关系，父母或老或死，完全是它们自己的事情。孔子之所以把单纯的赡养划在动物范畴内，是因为这种行为纯粹属于物质层面，表现为衣食供养，付出的是力气，缺少精神的沟通和文化制度的内容，所以跟狗和马提供的服务没有根本区别。只有在赡养的同时再加上"敬"——对父母人格的尊敬，并且通过一系列礼来表达这种尊敬，或者说把尊敬贯彻到赡养行为中，才配称得上孝。联系今天，譬如做饭前先考虑父母喜欢吃什么，吃饭时等父母夹菜后自己再动筷子，就属于尊敬。

孔子有一对父子学生，父亲叫曾皙，儿子叫曾参。曾皙老了，曾参主持家业，每顿饭都给父亲准备酒和肉。父亲吃过后，曾参一定要请示，剩下的饭菜给谁；要是父亲问这些东西家里是否还有，曾参为了让他放心享用，并且能够支配食物，一定说有。曾参的儿子叫曾元，曾参老了，曾元主持家业，每顿饭一样有酒有肉。然而在曾参用过饭将要撤下时，曾元根本不请示剩下的饭菜给谁；如果曾参问这东西还有没有，曾元就说没有了，他之所以这样回答，是想把剩菜留下来，下顿饭再给父亲吃。对此孟子这样评论：曾元奉养的是父亲的嘴巴和躯体，而曾参奉养的则是父亲的意志（《孟子·离娄上》）。用这个例子解读孔子的话，可以说曾元的做法属于动物性服务，曾参的做法才是人的行为，因为曾参的行为充满了尊敬，而曾元不过是打发父亲吃饭。曾元的道德修养不够，以人的标准来衡量，他不合格，所以只能做到奉养父亲的身体；曾参是道德大家，达到了人的境界，奉养的也是人所独具的东西——尊严。

这种尊敬应该是充满感情的，就是孟子主张的"父子有亲"（《孟子·滕文公上》）。亲，亲情，亲爱。是说父子之间有亲爱。唐朝功臣英国公李世勣（徐懋功），是李世民麾下将帅中最能打仗的一个，典型的铁血汉子，但同时又怀着一副柔肠。他有一个姐姐，身体不好，经常闹病。每逢姐姐生病，他一定亲自煮粥服侍。有时候太专心，竟然被炉火烧焦了胡须。姐姐心里过意不去，说家中仆役、侍妾不少，你干吗非要亲自动手，搞成这个样子？李世勣说：姐姐和我岁数都不小了，算是老人了。我给姐姐煮粥还能煮多久呢？今后就是想煮，怕也是机会不多了。

有一个当代故事，说的也是煮粥。女儿非常喜欢吃母亲煮的粥，母亲眼神不好，煮饭时头总是垂得很低，几乎凑到了锅上，聚精会神地用长木勺不停地在锅里搅动。叫她一声，扭过头，脸上总浮着笑。女儿离开家到外面闯荡，想起了母亲的粥，便按照母亲的配方煮了一锅。喝一口，远不是那味道。愣愣地想半天，终于明白了：母亲的粥里有真情，而自己煮的粥里却没有。这就是亲人之爱，发自心底自觉自愿的情感。

将孔子和孟子的说法结合起来，就是敬爱。敬爱不是现代语汇，而是古已有之。《孝经》说："生事爱敬。"（《丧亲章第十八》）父母在世的时候子女奉献敬爱。可以说，敬爱是孝道在文明时代发展期的核心内容，是子女对父母关系的本质规定。曾参这样排列："孝有三，大孝尊亲，其次弗辱，其下能养。"（《礼记·祭义》）孝有三个境界，最高是敬爱父母，其次是维护父母的声誉，最低的是赡养父母。

显然，敬爱是一种更高要求。之所以这么说，主要有以下三点理由。首先，在人类发展的这个阶段上，赡养老人在物质上已经不成问题，生产的剩余完全可以保证他们度过晚年；在认识上也不成问题，为父母养老送终已经是社会共识。物质层面的要求得到满足后，精神上的要求便会凸显，敬爱就属于这类要求。其次，赡养具有实然性，一个人，不管是什么人，穷人也好富人也罢，善人也好恶人也罢，只要可以正常活动，都能够做到赡养父母。挣钱养家，端茶送水，谁都会做。敬爱就不同了，有人能做到，有人做不到，因为这与能力无关，完全取决于思想意识，属于应然性，也就是人所应该去做的事情。再次，敬爱所体现的人性比赡养更加丰富。就是上面说过的，单纯的赡养尽管是人的活动，但并没有脱离动物性服务，只有加入情感因素，才升华为人性化行为。

从赡养到敬爱，是继弃老到养老的第一次飞跃之后的第二次飞跃。如果说赡养的形成是孝道的开始，那么敬爱的提出则标志着孝道走向成熟。这绝不是圣人心血来潮，而是有着深刻的社会历史根源。

这一时期，一夫一妻制家庭基本定型。这种家庭建立在两块基石上，一块是家庭私有制，一块是父权制。所谓父权制，就是家庭的各种权力由父亲垄断，所有决定由父亲做主，一切事务由父亲处置。与此相应的就是家庭其他成员的尊敬。由于他们与家长之间存在着血缘和养育关系，所以其中又有着亲情。这种情况下，在孝道中突出敬爱就是自然而然的事情了。就是说，孔子提出敬，孟子提出亲，是对制度中有关内容的提取和概括。

孔子的思想是在周文化的传统中孕育而成的。周国本来是殷商的属国，后来取代了比它强大得多的殷商，夺得了天下，凭的是什么？周人通过比较、总结，认为是道德，是因为自己比殷人的道德表现好，上天才选择了周。鉴于这一认识，周人自觉地在制度建设中加强道德内涵，建立起一种包括政治、经济、家族、风俗等在内的表现为一系列礼的独特制度，人们称之为礼制。敬老就是其中一项内容，不仅存在于家庭，也体现在其他领域。春秋时期，楚国进攻宋国，战场在泓水畔。宋军先到，在河的一边列好阵势，而楚军则在渡河。宋国的司马见状，建议宋国君主宋襄公发动袭击，因为楚强宋弱，如果放楚军过来，宋军绝不是对手。宋襄公断然拒绝。楚军过了河，乱哄哄地整理队伍，宋国司马再次建议趁机进攻，又遭到拒绝。等楚军排好队形后，双方开战，宋军大败，宋襄公的大腿差点让人打断。回来后，大家都责怪国君，宋襄公振振有词，讲了两条军礼。一条是按照古代的规矩，不在险要之地打击敌人；另一条是，"君子不重伤，不禽二毛"。伤，受了伤的人；二毛，两种颜色头发的人，所谓的花白头，指老人。是说，君子不攻击受了伤的人，不捉拿老人。宋襄公看见过河的士兵中有老人，所以说这番话。可见，尊敬老人已经成了一种传统，即使是敌人，也必须给予优待。

以孔子、孟子为代表的儒家的最大贡献，就是对礼制以及日常生活中的孝进行总结，给以理论上的提升和明确，使之成为一种意识形态、一种道德规范、一种根本道理，之后通过教化和道德实践，一代一代地传承下去，通过包括书籍、戏剧、科考等多种文化形式，不断巩固和扩大影响，终于积淀成为一种民族心理，一种生活方式。这种心理和生活方式是独一无二的，只有中华民族才具备。曾经流行过这样一个段子：说在一个小岛上住着三个男人，他们分别是美国人山姆、法国人路易和中国人李明。一场大火袭来，他们的房子瞬间被火舌吞噬，三个男人立即冲进自家抢救。山姆直奔保险柜，抢出的是证件，美国是个契约国家，没有这些今后无法生存。路易直扑卧室，抱着情人跑出来，法国是个爱情国度，缺少情人的抚慰没法活。最后出来的是李明，他找遍了每一个房间，终于背着母亲逃出来，中国人重亲情，父母第一。有一个历史故事，可以引为注脚。西汉明帝时，楚王刘英谋反，受到牵连被捕入狱的有 500多人。严刑之下，人们纷纷承认有罪，唯独门下掾陆续和另外几个人，怎么打也不松口。这时狱卒拿来一盒饭菜，陆续看着竟哭了起来，哭得非常伤心，不能自制。审案官奇怪，如此硬汉，今儿这是怎么了，便问其中缘由。陆续告诉他，自己的母亲从家乡来了。审案官问你是怎么知道的？陆续说：我是从菜上看出来的，母亲切的肉方方正正，葱也一寸长短。审案官很受感动，这样的孝子多半不会谋反，便把这一情况上报朝廷，明帝赦免了他，沾光的还有那几个人。今天的华人也仍旧重亲情。21 世纪初美国加州发生火灾，人们抢出最重要的东西逃离火场。一位叫金学富的华人带出来的是一部文件，那是珍藏多年的家庭档案。他说：家庭档案是我家几辈人的历史，对我来说，它很重要。2012 年新当选的香港特别行政区第四任行政长官梁振英，20 世纪 70 年代曾在英国留学，毕业后几家机构留他在当地工作，开出的条件相当优惠，但他还是回到了香港，原因是双亲年事已高，作为儿子应该回家照顾。以这样的理由决定人生，恐怕只有在华人身上才能找到。

　　孝道已经成了民族身份识别的一个性格特征。

孝道的内容

 要 义

孝道可以分为两大部分，一个部分表现在子女对父母的行为上，另一个部分表现在子女对自身的要求上。孝道是一种把对父母的爱与对自己的爱相贯通的爱。

爱父母

爱父母是孝道的一个部分，包括赡养、事奉、遵从、无怨、安然、规劝、承袭、惦念、丧葬、祭祀。

1 赡养

赡养，又称口体之养，也就是为父母提供衣食住行方面的生活资料和服务，满足他们的物质需求。前面说过，孝字的本意是赡养父母。这实际上告诉人们，赡养是子女的最基本行为，是孝道的底线。《孝经》说："用天之道，分地之利，谨身节用，以养父母，此庶人之孝也。故自天子至于庶人，孝无终始，而患不及者，未之有也。"（《庶人章第六》）用天之道，分地之利，指的是利用天时地利获取产品；庶人，社会底层，最一般的人。这段话是说，努力生产得到收获，自己节衣缩食，以便能够赡养父母，是庶人之孝。庶人都可以做到这一点，就不要说天子、诸侯、大夫和士人了。所以无论是谁，在自己一生中都可以尽孝，绝不应该怀疑自己没有赡养父母的能力。这里的意思很清楚，只要是人，就必须而且也能够赡养自己的双亲，任何弃养，不管有怎样的理由，统统都是托辞，根本站不住脚。

　　这与自己的贫困没有关系。东汉桓帝时，有个农人名叫茅容，40多岁，跟大伙在树下避雨，别人歪七扭八的很是随意，唯独他正襟危坐。贤士郭泰正好路过，十分惊异，便向茅容借宿。茅容杀了只鸡，郭泰以为是要款待自己，不想茅容分出半只鸡给母亲吃，剩下的半只小心存放起来，根本没他的份儿，结果郭泰跟茅容一起吃了顿粗劣饭食。郭泰很是感慨，自己那么大的名气，尚且为了面子和其他目的，时常减少对父母的供养来款待客人，而一个贫苦农人却知道把老人放在首位，于是郭泰起身向茅容作揖致敬。还有更穷的，唐代一个叫杨乙的人，田无一垄，树无一棵，靠乞讨生存。讨到饭食，先让父母吃，等他们吃饱后，自己再吃剩下的。人们很是佩服，有人给他钱，他不收，说自己靠乞讨为生，已经使父母蒙受羞耻了，不能再伤害他们了。有人劝他外出讨生活，他说年迈的双亲只有他这一个儿子，他去给人作奴仆，老人就没人照料了。子路曾经发感慨：贫穷真可悲呀，父母在世时不能舒舒服服地奉养，去世时也不能风风光光地治丧。孔子不这么看，说：即使是吃粥喝白水，只要能够让父母高兴，就是尽孝了；即使是衣服被单只够遮住身体，只要治丧与自己财力相当，就是合礼了，贫穷又有什么妨碍呢？（《孔子家语·卷十·曲礼·子贡问》）

　　这与父母的品质没有关系。唐朝的崔衍，小时候继母对他很不好，长大后进入仕途，担任富平尉。这时父亲崔伦在朝廷做左丞，奉命出使吐蕃。崔伦回来那天，李氏换上一身破衣裳迎接丈夫。崔伦问怎么回事，李氏说崔衍虐待她，不给穿不给吃。崔伦大怒，责打崔衍，幸亏叔叔说明真相，事情才告平息。李氏的行为不要说放在母子之间，就是对外人这么做也是不可原谅的，可见人品之差。然而崔衍并不计较，父亲去世后，仍旧一如既往地照料李氏，对李氏生的儿子也很好，几次为这个弟弟还债，弄得身为刺史高官的他竟然身无余财。

这与父母对自己的态度也没有关系。东汉安帝时，有一个人名叫薛包，他的父亲在娶了继母后，见不得儿子，命他分出去另过。薛包想跟父母一起生活，赡养他们，日夜号哭，不肯离去。父亲见状，狠狠打了他一顿。没有办法，薛包就在宅院外面搭了一间小屋栖身，每天早晨回来洒扫庭院。父亲大怒，赶他走，他便把小屋往远处挪了挪，每日早晚仍旧回家请安。就这样坚持了一年多，终于感动了父母，让他回家。为父母送终后，薛包的侄儿要求分家，薛包将家产分开，留下贫瘠的田地，说这些是他年轻时经营过的，有感情；留下朽坏家什器具，说这些是他日常使用过的，习惯了。侄儿几次破产，都是靠薛包的赈济才渡过难关。北宋仁宗的张贵妃，小时候父亲早逝，母亲钱氏带着她和哥哥生活。日子过不下去，族人又不肯帮忙，钱氏一咬牙，把女儿卖给公主家做歌舞伎，自己带着儿子改嫁他人。后来女儿被公主送入皇宫，被仁宗看中，得到宠爱，升为贵妃。张贵妃挂念母亲，在她的要求下，母亲钱氏被封为齐国夫人，哥哥以及母亲改嫁后生的弟弟也都当上了官。

总之，一个人只要活着，不管多难，哪怕要饭，也必须赡养父母；不管父母是什么样的人，哪怕是罪犯，也不管自己曾经受过父母怎样的对待，哪怕是曾经遭到抛弃，也不能扔下父母不管。赡养是绝对的，没有丝毫回旋余地。

孟子曾经列出当时五种不孝的情况，前三种都属于在赡养责任上有亏。"世俗所谓不孝者五：惰其四支，不顾父母之养，一不孝也；博弈好饮酒，不顾父母之养，二不孝也；好财货，私妻子，不顾父母之养，三不孝也。"（《孟子·离娄下》）是说，现在最常见的不孝现象是，自身懒惰，不照应父母；赌博下棋饮酒，不管父母生活；贪求钱财，偏袒妻子儿女，置父母于不顾。不赡养父母是大不孝，任何情况下都不可原谅。

2 事奉

事奉相当于我们平常说的服侍。事奉与提供衣食的赡养不同，侧重于礼。譬如吃饭。父母进食，儿子媳妇在一旁照料，只能吃父母不吃的饭菜，等他们吃饱了，才可以吃剩下的食物。如果父亲去世了，就由嫡长子陪伴母亲，弟弟和弟媳负责照料。这是最一般要求，细论起来要复杂得多，菜肴、座位、奉食、问答等，都有一套规矩。

南北朝北魏孝明帝时，房景伯担任东清河郡太守。房景伯的母亲崔氏，通晓经学，明白事理。贝丘有一个妇人状告自己儿子不孝，房景伯告诉了母亲，打算惩治他。母亲道：我听说言教不如身教，山民不知道礼义，怎么可以一上来就处罚呢！便找来这个妇人，跟她对坐进食，命这个妇人的儿子侍立堂下，让他观看房景伯如何侍奉母亲吃饭。不到十天，这个儿子知错了，请求带着母亲回去。崔氏认为他只是表面上知道了如何服侍母亲，心里还没有树立起礼的意识，不放他走。又过了二十多天，这个儿子再次要求回家，头都磕出了血，他母亲也流着泪水乞求，这才让他们离去。后来这个儿子成了远近闻名的孝子。从这件事上可以看出，如果说赡养是给父母饭吃，事奉就是如何服侍父母吃饭。吃，不只是吃物质，还是吃文化、吃礼数。

事奉，《孝经》叫事亲，说："夫孝，始于事亲。"（《开宗明义章第一》）孝道从事奉双亲开始。之所以这么说，是因为它所遵循的礼包含着敬爱，而敬爱则是孝道的本质，体现的是人区别于动物性服务的人文精神。子路问孔子：有这样一个人，起早贪黑地干活，手脚磨出了厚厚的老茧，累得又黑又瘦，他如此勤劳地种植五谷，就是为了赡养父母，然而却没人说他是孝子，这是为什么？孔子猜得出来，子路说的这个人其实就是他自己。便说：我推测这个人大概对老人不够尊敬吧？譬如，他的脸色温顺吗？他的话语柔和吗？古人讲过这样的话，儿子问父母，衣服穿得够吗？饭吃饱了吗？但就是不肯亲近父母。儿子本来就应该通过自己的劳作赡养父母，但如果做不到尊敬他们，怎么能有孝顺的名声呢？（《孔子集语·卷二·孝本》）

人需要教育，但并不等于说子女对父母的敬爱意识依赖于外在的灌输，其实，这种意识是人所固有的，植根于人性之中，崔氏对不孝子的教育，孔子对子路的教育，不过是把这种意识引发出来罢了。孔子前往齐国，半路上遇上一个很特别的人，他一手持镰刀，一手拿绳子，边走边哭。孔子从车上下来，大步追上，问：您是谁啊？答：丘吾子。孔子朝四周瞧瞧，说：这里没人举办丧事，您为什么哭呢？而且哭得如此伤心？丘吾子说：我有三个过失，到了暮年才发现，要想改正已经来不及了，所以伤心哭泣。孔子问三个过失是什么。丘吾子说：第一个过失，我年轻的时候喜欢学习，周游天下，遍访师友，学成归来，父母却去世了；第二个过失，进入壮年，我去侍奉齐国国君，国君骄奢淫逸，士人纷纷离去，我没能尽到臣子的职责；第三个过失，我一生最看重的是朋友，如今都跟我断绝了往来。想起这些，真让人悔恨啊。孔子同情地望着他。丘吾子叹了口气，接着说：树木想不再摇摆，但风儿却不肯停息；做子女的想事奉双亲，但他们已经不在了（"树欲静而风不停，子欲养而亲不待"）。追不回来的，是岁月；想见而见不到的，是父母。说罢，丘吾子挥挥手，走了。孔子回头对弟子们说：你们一定要记住丘吾子的话，足以受益一辈子！这件事触动了大家的良知，弟子中回去奉养父母的有13个人（《孔子家语·卷二·致思》）。孔子说："父母在，不远游。"（《论语·里仁》）孟子说："事亲为大。"（《孟子·离娄上》）儒家注重事业、功名、利益，但它们都大不过道义，事奉双亲为首要。

这里最基本的要求是与父母一起居住。隋朝大臣郑译以上柱国的身份退休回家，对朝廷不满，还跟母亲分开另过，被御史抓住，狠狠奏了一本。隋文帝杨坚撤除了郑译所有官爵，还下诏书羞辱他。说：如果让郑译活着，世上就多了一个不守臣道的人；如果让他死去，阴间就多了一个不守孝道的鬼。阴阳两界都会受到污染，实在没有地方安置他。这样吧，赐他一本《孝经》，让他诵读。吓得郑译赶紧把母亲接回一起居住。

事奉是全方位的。孔子这样要求："孝子之事亲也，居则致其敬，养则致其乐，病则致其忧，丧则致其哀，祭则致其严，五者备矣，然后能事亲。"（《纪孝行章第十》）意思是，孝子事奉双亲，在日常里要极尽尊敬，在赡养上要极尽快乐，在病榻前要极尽忧虑，在丧葬时要极尽哀伤，在祭祀中要极尽严肃。五个方面都符合了，才可以说做到了事奉双亲。达到这个要求不容易，难就难在时时处处都必须保持着对父母的敬爱。

怎样衡量事奉是否合格呢？儒家给出了一个基本标准，即是否尽力，《论语》说："事父母能竭其力。"（《学而》）只要子女尽了力，心安理得，即使没有使父母过上最好的日子，在这方面也应该打满分。

3 遵从

遵从就是子女恭恭敬敬地服从父母的意志。学生孟懿子请教什么是孝，孔子答："无违。"（《论语·为政》）不违背父母的意志，就是孝。孟子也说："不顺乎亲，不可以为子。"（《孟子·离娄上》）不顺从父母，不配当儿子。

这里的前提是"父为子纲"。纲，渔网上的大绳，拉住大绳，网才能张开。子女与父母的关系好比是渔网，说父母是大绳，就是肯定他们的主导地位。古代中国是等级社会，"父为子纲"反映的就是家庭内部的等级制，尽管双方血脉相承，但也要以等级来加以区分。

还是在周朝刚刚建立的时候，伯禽和康叔封到京城朝见天子周成王。伯禽是周公旦的长子，封在鲁国做君主；康叔封是周成王的弟弟、周公旦的侄儿，封在康地做君主（后封卫国）。见过天子后，两人又去拜见辅佐朝政的周公旦。不想见面没说几句话，便被老人用手杖打了出来。第二次上门，又挨了一顿打。第三次硬着头皮去，迎接他们的还是手杖。兄弟两人苦恼极了，特别是康叔封，害怕得厉害，不知道周公将怎样处置自己，急中生智，猛然想起贤人商子，便拉着伯禽去找商子讨主意。商子让他俩到南山的阳面去观察一种名叫桥树的树木。兄弟俩见到了桥树，它高大挺拔，枝叶朝上。回来说给商子，商子说：桥树，就是父道。商子又让他俩到南山的阴面去观察一种名叫梓树的树木。兄弟俩见到了梓树，它生气盎然，枝叶下垂。回来说给商子，商子说：梓树，就是子道。第二天。两人去见周公。进入院门，小步快走；登堂入室，跪下行礼。周公起身近前，抚摸他们的头，说了几句慰问话，接着拿出食物给他们吃（《说苑·建本》）。象征父道的桥树生长在阳面，叶子朝上；象征子道的梓树生长在阴面，叶子朝下。阳主阴，上主下，表达的就是子女对父母的遵从。

这种遵从是绝对的，几乎不考虑对错，强调的只是服从精神。东汉末年，有个人叫王祥，继母朱氏不尽母道，从小就让他干超出年龄的重体力活，他做不动，朱氏就拿鞭子抽他。王祥娶了媳妇后，朱氏又把虐待扩大到儿媳身上，拿她当奴隶使唤。王祥有了名气，朱氏妒火中烧，竟然在酒里下毒，多亏朱氏的亲儿子王览将哥哥的酒杯抢过去，才没送命。就是这样一位被史书认定为无道的母亲，王祥却"愈恭谨"，对她更加恭敬，恪守礼数。当时天下大乱，王祥守着父母30多年不出来做官，母亲朱氏去世，他悲伤得身心交瘁，拄着拐杖才能勉强站起来。三国时，他出任魏国的徐州别驾，颇有政绩，人们编歌子赞扬他，说地方安康富庶，全靠别驾王祥。晋朝建立，王祥被任命为太保，位列三公，地位仅比王低一级。

即便是父母让子女去死，也不应该违背。下面这件事发生在春秋时期的晋国。国君晋献公宠爱妃子骊姬，疏远太子申生。骊姬想让自己生的儿子继承国君大位，便设计陷害申生。她告诉申生，说国君梦见了他的生母姜氏，叮嘱他进行祭祀。申生便祭祀了母亲，之后按照分享祭祀食品的礼仪，把祭肉带回来献给父亲。骊姬趁晋献公外出打猎，在酒肉里下了毒。

晋献公先用酒祭地，酒洒在地上，土鼓起了包；给狗吃，狗立刻死了；又让宦官吃，宦官也死了。晋献公大怒，杀掉了太子的师傅。有人劝申生向国君说明真相，申生不肯，说国君要是没有骊姬，睡不着觉，吃不下饭，我如果出来申辩，骊姬罪行势必败露。国君年纪大了，骊姬被定罪，国君肯定不高兴，我也会不安的。有人又劝申生逃跑，他也不肯，说背着谋害父亲的罪名，没有一个国家会收留他。申生无路可走，便上吊自杀了。步其后尘的还有秦始皇的儿子扶苏。他深受父亲信任，被派往北部边疆对付匈奴，任 30 万大军的监军，掌握秦朝最精锐武装。秦始皇在巡游中突然死去，小儿子胡亥伙同赵高、李斯假造诏书，命令扶苏自尽。扶苏接到诏书，哭泣着进入内室，打算自杀。将军蒙恬提醒他，诏书可能有假，不妨核实一下，如果是真的，再去死也不晚。这时使者一个劲儿地催促，扶苏对蒙恬说：父亲赐儿子死，怎么能够去核实呢！便自杀了。这是极端事例，世上有几个逼迫子女去死的父母？但它传达了一种意识，就是子女的绝对服从。

关于无违，孔子还有后续解释。孔子回答了孟懿子关于孝的问题后，说给学生樊迟听，樊迟请教什么是无违。孔子说："生，事之以礼；死，葬之以礼，祭之以礼。"（《论语·为政》）父母在世的时候，按照礼来事奉；父母去世，按照礼来安葬，按照礼来祭祀。这是从礼的高度来讲遵从，礼是客观存在的事物，是人人都必须遵守的制度，这样，遵从便有了客观标准，有了普遍意义。把守礼与从父相沟通，是客观与主观的统一，普遍与个别的统一。

4 无怨

无怨就是对父母不出怨言，不怀怨气，不记怨恨。孔子说："事父母，劳而不怨。"（《论语·里仁》）事奉父母，再劳苦也不能有埋怨。又说："君子驰其亲过，而敬其美。"（《礼记·坊礼》）驰，松弛，消解，放过。是说，君子眼里没有父母的不是，看到的只是父母的好处。

这方面的典范是舜。舜以孝出名，20岁的时候，尧帝把自己的两个女儿嫁给他，还送来一些牛羊。舜的母亲死得早，跟父亲和继母还有一个弟弟一起过日子。父亲人称瞽瞍（Gǔ Sǒu），瞽的意思是眼盲，瞍是眼睛白蒙蒙的看不出瞳仁，同父异母弟弟名字叫象。父亲、继母、弟弟都是无德之人，瞽瞍不明事理，还非常固执；继母满肚子坏主意，从来不讲信义；象蛮横无理，还十分贪心。跟这三个人生活在一块儿，舜算是赶上了。家里修仓房，瞽瞍吩咐舜上去抹屋顶，舜爬了上去，瞽瞍竟在房脚放起火来，幸亏上面有两顶斗笠，舜靠着它们平安降落到地上。瞽瞍又安排舜去挖井，这回舜多了个心眼，在井壁上设了个暗道。井挖得很深了，瞽瞍和象一起往井下填土。两人以为舜被活埋了，便开始瓜分舜的财产，舜的两个妻子和一张琴划归象，牛羊给瞽瞍和继母。不想舜没有死，从暗道出来了。尽管舜屡遭暗算，但没有一句怨言，仍旧跟他们和睦相处，勤勤恳恳地做事。后来舜当上了天子，回家朝拜父亲瞽瞍，态度非常恭顺，对弟弟象也很好，封他到一个叫有鼻的地方做诸侯。

根据孝道，应该这样看，只有"不是"的儿女，没有"不是"的父母。这是一种理念，就像现在商业经营中说的顾客永远是对的一样。春秋时期，郑国君主郑武公的夫人姜氏生了两个儿子，大儿子出生时先出脚后出头，把母亲吓得够呛，取名寤（wù）生，寤通忤，意思是倒着出生。小儿子是顺产，取名叔段。因为生儿子时的感受不一样，姜氏对他们的态度也就不同，讨厌大儿子，喜爱小儿子。郑武公去世，寤生继位，是为郑庄公。在母亲姜氏要求下，庄公把一个叫京城的地方封给叔段。叔段的野心迅速膨胀，竟想取代哥哥做国君，母亲姜氏站在小儿子一边，承诺做内应，到时候打开城门。不想消息走漏，庄公获知了这一阴谋，派兵讨伐叔段。京城民众拥护庄公，叔段出逃。庄公伤透了心，把姜氏迁到城颍，发誓说不到黄泉不相见。一个名叫颍考叔的大夫看不过去，以进献为名去见庄公。庄公留颍考叔吃饭，他恳求带些肉汤走。庄公问原因，颍考叔说拿给母亲吃。一句话触动了庄公的痛处，说实在想念母亲，但碍于誓言下不了台。颍考叔便出主意，让庄公开挖隧道，直到见着泉水，然后母子两人在那里碰头。就这样，母子相见，重归于好。

姜氏偏袒，固然不对，但郑庄公隔绝母亲更是错误，评判双方关系，人们不会去指责母亲，而是最终把账算在儿子头上。

与姜氏遭遇相同的还有战国时期的赵姬。赵姬是嬴政的母亲，那时嬴政还没有统一中国当上秦始皇，是秦国的国君。赵姬先是跟相国吕不韦私通，后来又宠幸嫪毐（Lào ǎi），还和他生了两个儿子，封他为长信侯。嫪毐势大，发动叛乱，企图杀害嬴政，被一举歼灭。嬴政恨得咬牙切齿，诛灭嫪毐三族，杀了他与赵姬生的两个儿子，然后将母亲赵姬迁到雍城的阳宫囚禁起来。嬴政知道人们的态度，于是下令，凡是前来劝说的，一律斩首，砍断四肢，陈尸宫阙之下。就这样仍然封不住人们的嘴，来劝说的前仆后继，嬴政一口气杀了27个人。接着赶到的是齐国人茅焦。嬴政在殿前架起大锅，准备活活煮了他，自己则手按宝剑坐着，破口大骂，唾星四溅。茅焦一拜再拜，要求听他说一句话。嬴政让他说。茅焦开口道：大王狂妄背理，难道就没有意识到吗？车裂假父嫪毐，把两个弟弟装进口袋中生生打死，囚禁母亲，残杀进行规劝的臣子，这样的事就是暴君夏朝的桀王、商朝的纣王都做不出来，要是让天下人听说了，谁还会向往秦国呢？我私下里实在替大王担忧。嬴政恍然大悟，亲自驾车从雍城接回母亲，母子和好如初。嬴政与郑庄公不同，残忍独断是出了名的，但最终的做法却完全一样。

儒家学说始终坚持从自身找原因，孟子称为"自反"。他说，别人对自己不好，就应该自我反省，一定是自己行为有亏。一个人爱别人，却得不到回应，就应该反过来检查自己，做得够不够。又说，人一定是先有了让别人侮辱的理由，然后别人才去侮辱他（《孟子·离娄上》）。套用孟子的语式，父母对自己的态度不尽如人意，一定是自己没有做好。所以该指责的是子女而不是父母。

这里的无怨是就理性而言，在道理上子女应该做到无怨，但在感情上却很难做到这一点，就是舜这个典型也做不到，他曾跑到野地里，对天号哭，诉说父母的不是。孟子认为，这种感情上的埋怨非常自然非常正当，它恰恰表明了亲人之爱。他举例说，如果有人张弓搭箭射你，要是这个人是外国人，你会笑着跟人讲这件事；要是这个人是你的哥哥，你就不会笑了，一定是流着眼泪诉说自己的委屈。在孟子看来，父母的不是有大有小，对于小的过错，子女耿耿于怀，是不孝；对于大的过错，子女无动于衷，也是不孝（《孟子·告子下》）。这就告诉人们，要想达到无怨，必须朝两个方向努力：在子女方面，要以理性来说服自己，就像郑庄公和嬴政做的那样，不计较父母的过错；在父母方面，要做到亲爱和公正，不要学瞽瞍、姜氏、赵姬，不要伤子女的心。

5 安然

安然就是让父母放心，踏踏实实。学生孟武伯请教什么是孝，孔子说："父母唯其疾之忧。"（《论语·为政》）只让父母为子女的疾病而忧虑。意思是，除了子女的身体外，不让父母再有别的担心，就是孝。人吃五谷，经历寒暑，生病不可避免，父母不可能不为子女的身体操心，而其余的都可以避免，不能再让父母有更多忧虑。

这里可以从两个方面去做，一个是让父母高兴，一个是不增加父母的心理负担。

先看让父母高兴。东汉章帝时，有个人名叫毛义，以仁义闻名乡里。一个叫张奉的人仰慕毛义的名声，前去拜访。刚刚落座，官府的公文就到了，任命毛义代理安阳县令。毛义喜形于色，立即手捧公文进入内室。张奉心中一阵厌恶，想不到自己心仪的人竟是名利之徒，当即起身告辞。毛义的母亲去世后，朝廷几次征召毛义任职，都被他拒绝了。张奉这才明白当初毛义接到任命时为什么那么兴奋，原来是因为母亲希望儿子出去做官，他高兴是由于母亲高兴。孟子说："不得乎亲，不可以为人。"（《孟子·离娄上》）不讨父母欢心，不配做人。

再看不增加父母的心理负担。要做到这一点非常难。学生子夏问孝，孔子答："色难。"（《论语·为政》）色，脸色；难，不容易做到。意思是，子女保持好脸色很难。常说久病床前无孝子，没完没了地服侍生病的父母，身心疲惫，难免在脸上流露出来。然而再难也要去做，因为冷脸是一种杀伤，说得严重些，属于冷暴力，会深深刺痛父母，引起他们的自责，所以孝子在这方面格外小心。前面说过的靠要饭养活父母的唐人杨乙就是这样，讨到好吃的，一定跪在父母面前双手奉上，父母享用时，他便在一旁跳舞助兴，搞这么一套仪式就是想让父母知道，儿子是多么乐意这么做，从而使他们心安理得。

为了让父母少操心，可以撒谎。唐朝有个名臣叫李皋，是唐朝宗室，承袭曹王爵位，在德宗朝担任衡州刺史。他政绩卓著，深得百姓爱戴，后遭人诬陷，朝廷免了他的官，进行审察。李皋心想母亲年纪大了，要是知道了这件事一定会受到惊吓，说不定会病倒，便秘密叮嘱家人绝对不能让老太妃知道真相。于是他每天一大早穿着囚衣出门，前往御史台接受询问，衣着跟罪犯一样；晚上回到家中，便换上朝服，腰上挂着表示品级的鱼袋，手中捧着奏事用的朝笏，一副下班回家的样子。过后朝廷把李皋贬到潮州，他却向老太太报喜，说儿子升官了，还做出一副兴高采烈的样子。母亲信以为真，非常欣慰，以为儿子真的升了官。李皋的冤情终于得到平反，朝廷恢复了他的衡州刺使职务。李皋回到衡州任上时，老百姓扶老携幼，夹道欢呼"还我使君"。直到这时，李皋才跪在母亲面前，道出原委，请求母亲治他的欺诈之罪。人们没有不称赞李皋孝顺的。

下面这个故事有点搞笑。东晋孝武帝时，郗超任临海太守。当时朝政混乱，大司马桓温与朝廷分庭抗礼。郗超站在桓温一边，而他的父亲司空郗愔（yīn）则站在朝廷一边。郗超怕父亲生气，没敢暴露自己的立场。郗超病重，觉得自己不行了，便把一个学生叫到床前，交给他一只小箱子，说父亲年纪大了，自己死后，要是老父过于悲伤，吃不下饭睡不着觉，就把箱子送过去，要是老父没怎么受影响，就把箱子烧掉。郗超死后，郗愔十分惋惜，认为国家损失了一位人才，悲痛不已，一病不起。学生见状，赶忙把箱子呈上。郗愔打开一看，一把一把的都是儿子郗超与叛臣桓温密谋另立朝廷的往来书信，郗愔不由勃然大怒，骂道：这小子早就该死了！从此不再悲伤落泪。父亲恢复了平静，儿子的秘密却暴露了，身败名裂。

为了不增加父母的心理负担，子女不能张扬他们的过错。春秋时期，楚国有位贵族，叫沈诸梁，在叶地任大夫，人称叶公。他告诉孔子说，他们那里有个以正直出名的人，此人的父亲偷了羊，他出面告发。孔子大不以为然，说我们那里正直的人的做法不一样，父亲要替儿子隐瞒，儿子要替父亲隐瞒，这样做才叫正直（《论语·子路》）。明明是父亲错了，为什么应该隐瞒？因为对亲人的爱是第一位的，这种爱与生俱来，亲人之间互相维护是常情、真情，用今天的话说，是一种本能，出于真情、本能就是正直。而儿子告发父亲属于违背情理，这样的行为怎么能叫正直呢？在这里，对错并不重要，重要的是父子之情，情才是最大的理。孔子的说法似乎有些狭隘，紧紧盯住亲情不放，忽略了社会、国家，是一种过时的意识。其实不然，这个观念很现代，我国新修改的刑事诉讼法的一个亮点，就是不再无条件地提倡大义灭亲的法理，承认一般案件中犯罪嫌疑人的子女、父母、配偶有拒绝作证的权利。

　　杂家吕不韦主持编撰的《吕氏春秋》说："其行孝曰养。养可能也，敬为难；敬可能也，安为难；安可能也，卒为难。"（《孝行览》）养，赡养；敬，尊敬；安，安然。是说，人们把孝行理解为赡养。做到赡养父母是容易的，要做到对父母的尊敬就难了；做到了尊敬，再要做到使父母安然就难了；做到了安然，再要做到对父母善始善终就难了。安然在赡养、尊敬之上。

6　规劝

　　隐瞒父母的过错不等于听之任之，儒家认为坐视不管绝不是孝道，负责任的子女应该进行规劝。《孝经》中有这样一段师生对话：曾参说："敢问子从父之令，可谓孝乎？"孔子说："是何言与？是何言与？……父有争子，则身不陷于不义。故当不义，则子不可以不争于父，臣不可不争于君，故当不义则争之。从父之令，又焉得为孝乎？"（《谏诤章第十五》）大意是，曾参请教：请问子女听从父母的吩咐，是不是就尽到孝了？孔子摇头道：这叫什么话！这叫什么话！父母有能够进行规劝的子女，自身就不会陷于违背道义的境地。故而一旦发现父母的过错，子女不可以不给予谏争，正如臣子在君主做得不对的时候进行劝阻一样。只要不合道义就要给予规劝，一味顺从父母，又怎么够得上孝道呢？

下面这个故事可以作为这段对话的注脚。鲁国君主鲁哀公问孔子：儿子听从父亲的吩咐是否就是孝顺？臣子遵从君主的命令是否就是忠诚？孔子没有回答。鲁哀公又问了两遍，孔子仍旧没有回答。随后孔子快步走出宫室，告诉学生子贡刚才的事，然后问他怎么看这个问题。子贡说：儿子听从父亲的吩咐当然就是孝顺，臣子遵从君主的命令当然就是忠诚，怎么，在夫子您这里还能够有其他的答案吗？孔子瞥了子贡一眼，说，真是小人之见！你的见识不够啊。过去，一个拥有万乘兵车的大国，只要有 4 个直言敢谏的臣子，就可以保证国土不丢失一寸；一个拥有千乘兵车的小国，只要有 3 个直言敢谏的臣子，就可以保证国家平安无事；一个拥有百乘兵车的封君，只要有 2 个直言敢谏的臣子，就可以保证封邑继续存在下去；父亲只要有一个直言的儿子，就不会做出无礼的事情；士人只要有一个直言的朋友，就不会做出不义的事情。可见，儿子只是一味地听从父亲的吩咐，怎么能说就是孝顺呢？臣子只是一味地遵从君主的命令，怎么能说就是忠诚呢？能够使父亲、君主做出正确的决定然后再给予服从，才可以称得上是孝顺和忠诚（《孔子集语·卷二·孝本》）。

孔子的观点很清楚，子女必须遵从父母的意志，但应该以道义为前提。曾参跟父亲曾晳在地里给瓜秧除草，曾参一不小心，瓜秧被铲断了。曾晳大怒，随手操起一根大木棒打过去。曾参没有动，被打倒在地，昏了过去，醒过来后赶紧站起身，进屋宽慰父亲，然后退到屏风后面弹琴唱歌，意在告诉曾晳，自己对刚才的事毫不在乎。孔子知道了这件事，放话不见曾参。曾参不服，认为自己遵从父命，没有错误。孔子说，怎么没错？不知道舜是怎样侍奉父亲瞽瞍的吗？瞽瞍找舜干活，一叫就到，但等到瞽瞍打算谋害舜的时候，他偏偏就不在家，不知跑哪儿去了。瞽瞍打舜，用的要是细木棍，舜就躺倒让他打；要是换了粗木棒，拔腿就跑。你倒好，直挺挺地站着，送了自己的命不说，还陷父亲于不义，让他背上杀子的恶名，还要忍受牢狱之灾，不义不孝有比这更大的吗！（《说苑·建本》）让父亲背上骂名就是违背道义，就是不孝，远远超过不接受父亲的打骂，所以孔子以不见面来惩罚曾参。

要做到道义前提下的遵从，就离不开规劝。规劝有多种形式，许多时候需要诉诸行动。东汉章帝时，有个叫郑均的人，他的哥哥在县里做官，接受了不少贿赂。郑均劝他，他不听。于是郑均离家出走，给人做工。一年多后，郑均带着辛苦钱回来了，交给哥哥。说：钱用光了，可以再挣，要是贪赃枉法，遭到处罚，一辈子就完了。哥哥深受感动，从此洗心革面，成为清官。后来郑均也当了官，一直做到尚书。退休还乡后仍旧受到尊重，大家经常上门问安。

然而，要是规劝不见效怎么办？孔子这样说："事父母几谏，见志不从，又敬不违，劳而不怨。"（《论语·里仁》）几，委婉。意思是，如果发现父母有什么地方需要纠正，一定要好言相劝，要是父母不接受，仍然要像从前一样地尊敬他们，听他们的话，操心而不抱怨。这是一种无奈的选择，只能如此。

东晋明帝时，大将军王敦专权，威逼皇室。明帝起兵征讨王敦，大胜。王敦的哥哥王含带着儿子王应出逃。王含打算投奔荆州的王舒，王应主张去江州找王彬。父亲王含重关系，认为王舒跟他家走得更近。儿子王应重人品，认为王彬德行更好，不随风倒，敢于坚持自己的立场，而王舒不一样，一向唯命是从。父亲不听，固执己见，儿子没有办法，只好跟着父亲去找王舒，结果父子二人被王舒沉入江中淹死了。而王彬听说王应父子要来，秘密准备了小船等候，没有等到，遗憾了好一阵子。常言说胳膊拧不过大腿，这话用在父子关系上最合适。

7 承袭

承袭主要指的是承接、沿袭父母的一贯做法。孔子说："父在观其志，父没观其行，三年无改于父之道，可谓孝矣。"（《论语·学而》）三年，父亲去世，儿子要服丧三年；道，道路、做法、主张。意思是，判断一个人是否孝顺，要看他在父亲活着的时候，思想是不是与父母保持一致；再看他在父母去世后，三年之内是不是遵照他们的做法去行动，如果都做到了，就可以说是孝顺了。东汉许慎著的《说文解字》就是在这个意义上解释孝字的，说这个字表示的是"子承老也"。

这无疑是一种保守意识。父母的道路是一代又一代先人走出来的，探索的代价已经付出了，子女走在这条路上最为保险。但不能由此就得出孔子主张一成不变的结论。孔子特别提出三年，这个时间内子女必须遵循父母的一贯做法，三年之后另说，是走父母的路还是走新路，视情况而定。西汉时，成帝去世，哀帝继位，急不可耐地着手制定新的施政措施。大司空师丹上书劝阻，说：古时候新君在居丧期保持沉默，国家大事交给宰相处理，三年之中不能改变先君的主张。然而如今先帝的棺柩还陈列在灵堂，陛下您就开始改变原有的安排，接连不断地颁发诏书。政事变动仓促突然，缺少逐渐发展的过程，令人无法适应。师丹还拿天灾天象说事，说最近多次发生地震，涌出的大水淹死不少人，太阳和月亮昏暗没有光彩，金木水火土五星的运行也不在正常的位置上，这都是举措失当、号令不定的反映。可以看出来，师丹并不抵制革新，反对的只是急于求成，他担心这会造成混乱。这还真不是多余的。南北朝时，刘宋王朝的刘子业即位不到两个月，就下令废除先前的规章制度。吏部尚书蔡兴宗对人说：先帝虽然够不上大德，但总的来说没有离开正路。三年不改父亲的制度是自古以来留下的规矩，是难能可贵的德行。先帝的祭堂刚刚撤掉，从前的规章制度不管对错好坏，现在一概推倒重来，从中足以看出其人品。刘子业的做法跟他缺乏孝心是一致的，他坐上皇位后，皇太后病重，派人去叫他。他说：病人房子里鬼多，我怎么能去？太后气坏了，叫道：快拿把刀来，剖开我肚子瞧瞧，怎么生出这么一个东西！刘子业是个自大狂，没本事还爱显摆，张扬出来的全是愚蠢和荒诞，导致乱子频发，不到一年就干不下去了。

所以改革一定要循序渐进，先全盘接受下来，稳定一段时间，然后再一点一点地改变，既做到了稳妥，人们得以逐渐适应，又达到了建立了新政的目的。稳定的时间定为三年，这是守孝期，也是准备期，摸清情况、协调各方、研究制订方案、积累财力物力和人力等，能在三年之内做足，无论对治家还是对治国，都不算宽裕。"三年无改于父之道"，有保守的内容，但更多的是求稳，凡事要慢慢来。

保守并不一定是坏事，如果保守的对象是美好事物，那么这种保守就具有积极意义了。春秋时期，吴国有位公子叫季扎，名满华夏。他几乎是位道德完人，徐国的君主喜欢他的佩剑，由于公务在身，季扎不能送给他，只能心中默许。等季扎完成使命归来，徐公却死了，季扎来到他的墓前兑现诺言，将剑挂在树上留给他。季扎本来是可以做国君的。他的父亲叫寿梦，是吴国的君主。老吴王有四个儿子，最中意的是小儿子季扎，打算把国君大位传给他。季扎不同意，说按照礼制，继承父亲权位的应该是嫡长子，怎么可以把父子私情置于制度之上呢？父亲死后，大哥诸樊继承王位，一年后让位给季扎，说现在政局稳定了，你可以继位了。季扎还是那句话，制度不可违背。诸樊坚持，季扎逃到乡下种地去了。后来，诸樊把君位传给二哥馀祭，馀祭又传给三哥馀眜，馀眜又传给季扎，季扎终于没有接受。其实，他们兄弟之间的谦让是祖上传下来的德行。季扎的先人是商代周人部落的首领古公亶（dàn）父。古公有三个儿子，老大叫泰伯，老二叫仲雍，老三叫季历。季历生了一个儿子叫姬昌，很不一般。泰伯和仲雍察觉到父亲古公看好姬昌，便离开陕西岐山故地，跑到长江下游的荆蛮之地进行创业。后来季历继承了君位，他的儿子姬昌和孙子姬发推翻了商朝，建立了周王朝。而泰伯和仲雍的后代也把太湖流域开发成日见繁荣的地区，建立了吴国。在这里父之道是美德。《孝经》说："大雅曰：'无念尔祖，聿（yù）修厥德。'"（《开宗明义章第一》）这是《诗经》"大雅·文王"中的一句，翻译过来是，时时念及你先祖，学习榜样修德行。文王姬昌和武王姬发推翻商朝建立周朝，周人认为自己成功的根本原因在于道德好，叮嘱子孙不要忘本。季扎就是这么做的，以继承先人的美德来实践"无改于父之道"。

父之道也可以是志向。儒家津津乐道的"汤武革命"中的"武"就具有这种性质。武指周武王，他的父亲周文王打算革残暴无道的商纣王的命，但没有实现就去世了。周武王接过王位的同时，也就接过了革命重任。他号召天下，向商朝宣战，对诸侯和百官发誓，"予小子其承厥志"（《尚书·周书》），意思是作为文王的儿子我继承了父亲的遗志，不推翻商纣王决不收兵。这类事情很多，苏绰父子即为一例。苏绰是南北朝时西魏大行台度支尚书，主张实施仁政，然而由于战事连连，开支巨大，作为负责国家财政最高官员的苏绰不得不违心加重税赋。他曾叹息着说，我今天所制定的重税法，就像张满的弓，只是为了在战乱之世满足国用，绝非太平时代的做法，后世的君子，谁能把弓弦放松呢？终于有人来放松弓弦了，此人就是他的儿子苏威。苏威在改朝换代后做了隋朝的度支尚书。他把父亲的话作为自己的使命，奏请朝廷减免赋税徭役，主张为政从轻从简，被隋文帝全部采纳，使隋朝得以在极短时间内达到经济社会的全面繁荣。苏威曾对隋文帝说：我的父亲经常告诫我，说只要熟读《孝经》一书，就足以安身立命，治理国家，哪里用得着读很多的书！隋文帝深有同感。苏威是《孝经》的自觉实践者。

父之道也可以是职业。汉武帝时，司马谈任太史令。这是家传世职，祖先承担这类工作从五帝之一的颛顼时代便开始了，到了周朝宣王时以司马为姓氏，历任周朝史官。后来弃文从武，直到司马谈这一代，才重操祖业。然而，儿子司马迁的心思似乎不在这上面，尽管他很早就帮助父亲修史，但对出头露面的军政事务更感兴趣。他28岁任郎中，给汉武帝当侍卫；35岁做到郎中将，成为高级侍从官。较之郎中将和太史令，不说风头，就是品级待遇也差着一大截。郎中将一年的俸禄是1000石，而太史令只有600石。司马谈病重，司马迁出使归来赶到父亲病榻前。处于弥留之际的老史官拉住儿子的手说：我死了以后，你一定得当太史。又告诉儿子，续上自己没有写完的著述，就是最大的孝。司马迁叩首，流着眼泪答应下来，就这样，38岁的司马迁放弃了高官厚禄和轰轰烈烈的生活，就任太史令，一心一意地在父亲著述的基础上续写历史。然而灾难发生了，司马迁因李陵事件获刑，定为死罪。按规定有两种办法可以免死，或者拿出50万钱来赎命，或者通过"腐刑"来接受最重的羞辱以换命。司马迁必须活下去，因为他的著述还未完成。他没钱，只能以刑换命，于是便接受了割去男根的腐刑，这年他49岁。

受刑后，他被任命为中书令，也就是皇帝的秘书长。这个职务一向由宦官（太监）担任，因为要跟着皇帝出入后宫。当这个官等于又往他的伤口上撒一把盐，为了事业他忍了。经过常人难以承受的磨难，他终于完成了中国历史上最伟大的著作——《太史公书》，后世学者将其更名为《史记》。

有一种继承比较特殊，就是补偿父母的过错。东晋哀帝时，有个叫沈劲的人，他的父亲叫沈充，因谋逆罪被处死，沈劲发誓要以战功来洗刷家族耻辱。然而由于父亲的连累，他不能出来做官，空怀一腔壮志。终于机会被他等到了，前燕进攻东晋，威逼洛阳，他上书朝廷，请缨前往洛阳前线效力。危难之际，朝廷答应了他。沈劲招募到一千多人，兵虽不多，但斗志昂扬，屡破燕军。最后终因寡不敌众，城破被俘。沈劲神态自若，含笑赴死。司马光编撰《资治通鉴》，记录了这件事。他评论道："沈劲作为儿子可以说是尽孝了！他以父亲的罪过为耻辱，以生命来洗刷，变凶恶叛逆的家族为忠诚仁义的门第。《周易》说，'用荣誉来改正父亲的错误'。《尚书·蔡仲之命》说，'你能够抵偿前人的过错，就是忠和孝'。沈劲大概就是这样的人吧！"（《资治通鉴·卷一百零一》）沈劲是以改来实现"无改于父之道"。这里的父之道是应该原初意义上的，父亲身为臣子，理应保持忠诚，可惜没有做到，沈劲改变父亲的做法，继承了父亲应该走的道路，所以说他是孝子。

继承还有一层含义，就是孟子说的"不孝有三，无后为大"（《孟子·离娄上》）。不孝顺的事情中，没有子孙最为严重。《孝经》也这么说："父母生之，续莫大焉。"（《圣治章第九》）父母生下子女，子女传宗接代，没有比这更重要的了。为什么无后为大？《孝经》认为，传宗接代属于人之天性，也就是上天的规定，用今天的话说，就是人的天职。既然是上天的安排，当然也就最大。"断子绝孙"即使在今天也属于骂人的最恶毒咒语。这不是一个简单的生育问题，从小的方面说，它关系到血脉的延续、家庭的支撑、养老和祭祀；从大的方面说，它关系到民族的兴旺、国家人力资源的丰富，绝不可小视。这一条在古代深入人心，成为人们处理事情的一个参照。唐玄宗时，武强县令裴景仙贪污，折合钱帛五千匹，玄宗李隆基大怒，下令将其斩首，并命百官前往观看，进行现场教育。大理寺卿李朝隐认为不妥，上奏说，裴景仙有罪，但罪不至死，况且他是功臣裴寂的后代，贤者十世之内的子孙都应该得到宽赦，以此来记取前人的功绩。再说，裴家只剩下他这根独苗，杀一人而导致一门灭绝，在人情上是不可取的。最后玄宗被说服了，狠狠打了裴景仙一百刑杖，把他流放到岭南蛮荒之地，为裴氏留了个后。断人之后是一件很残忍的事，就是至高无上的皇帝也不能不掂量掂量。往前推到唐高宗朝代，魏州刺史、郇公李孝协贪赃枉法，被高宗李治赐死。李孝协是李唐宗室，负责宗室事务的司宗卿陇西王李博义上奏，说李孝协的父亲李叔良为朝廷而死，孝协没有兄弟，这一家恐怕要绝后了。唐高宗道，谁说李叔良没有后人？李孝协不是有一个儿子吗，完全可以由他来祭祀祖先，你瞎操哪门子心！法律整齐划一，不因亲疏而不同，如果伤害百姓，别说宗室，就是皇太子也不能饶恕。原来高宗早就调查清楚了，所以才定李孝协死罪。

　　承袭在孝道中具有关键意义。如果说诸如赡养、事奉、遵从等内容还是在子女与父母之间讲孝敬的话，那么承袭就是在子女与父母一体化的高度上讲孝敬。就是说，子女是被当作父母的一部分来看待的。这其实是对人做出的最终社会定位，即任何一个人都是血脉链条上的一个环节，个人的所作所为也好，社会评价也罢，最后都要由这个位置来说话。这里我们不得不佩服许慎，他抓住了这一关键，将孝字解释为"承"，谓之"子承老也"。

8 惦念

惦念就是子女心中要装着父母。孔子说："父母之年，不可不知也。一则以喜，一则以惧。"（《论语·里仁》）父母的年龄不可以不记住。一方面因为他们能够更多地享有生命而高兴，一方面又因为他们的年老而忧虑。这说的是年龄，别的方面也一样，做儿女的一定要关心父母的事情。

孔子的学生子路，小时候家里很穷，没有存粮。他虽然生性好勇斗狠，但对父母极具孝心。当地米贵，粮价飞涨，想吃上饭着实不易，父亲时常为家中无粮发愁。子路听说百里之外的一个地方粮食便宜一些，便步行去那里买粮，然后用肩膀扛回来，根本不在乎耗费时间。父母一天天老了，可他一直没有稳定职业，为了不让父母操心，就委屈自己凑合着找点事情做。他是这么说的：父母健在，不敢只考虑自己的高远志向。双亲故去后，服满丧期，他才前往楚国创业。楚王很欣赏他，授予他重要职位。他出去办事，跟从的车子上百辆，座位上铺着厚厚的垫子；吃饭也很不一般，食物丰盛而精致，可以称得上列鼎而食了，声势极为张扬显赫。猛地，他想起了过去的日子，不禁悲从中来，泪如雨下，说：现在儿子富贵了，可是如今父母在哪里呢？尽管我还希望像当年那样从百里之外扛着米袋赶回家中孝敬双亲，然而如今已经不可能了。边说边哭，旁边的人没有不感动的。子路还对人说：我现在才算真正懂得，就是把整头牛供奉在父母坟墓前，也不如趁着双亲在世的时候用鸡肉和猪肉孝敬他们。子路是孝子，发达不忘父母，但也只能留下无尽的遗恨了。

父母生命有限，越早关心他们越好。三国时，吴国有个人叫陆绩。此人可以说是那个时代的全才，在经学上颇有造诣，注释过被儒家奉为六经之一的《周易》；还通晓天文历算，作有《混天图》；仕途上也不错，当过太守，也就是一个地区的最高军政长官。还是东汉末年，那时他六岁，跟着大人去九江，见到了名臣袁术，就是那位参与起兵讨伐董卓的十八镇诸侯之一的袁公路。袁术见陆绩可爱，就拿出一盘橘子给他吃。陆绩拿起一只，偷眼一瞧，袁术扭过头跟大人说话，便把橘子揣进怀里，然后又拿了两只，也放进怀中。不一会儿，大人谈完了，起身辞别，陆绩也跟着行礼。不想一弯腰，怀里藏的橘子掉了出来，落在地上，骨碌碌地滚到袁术脚下。袁术望望橘子，然后盯着陆绩问：陆郎身为宾客，为什么把人家的橘子装进怀中？陆绩连忙跪下，答道：想拿回去给我母亲尝尝。小小年纪就知道心里装着母亲，这让袁术十分惊讶。

惦记是天然感情，即使家庭关系不正常，子女也会挂念父母。北宋的王博文，父亲在他很小的时候便去世了，母亲改嫁他人。王博文发愤读书，考中进士，做了官。他没有忘记母亲，虽然她早就离自己而去，但母子关系不能改变，于是便向朝廷为母亲请求封号。母亲去世，他辞官回家服丧。

为了促使人们不忽略父母，也为了培养这方面的良好习惯，儒家制定了请安的礼规。它要求儿子和媳妇在鸡叫头遍起床，洗漱装扮，衣着整齐，然后双双走出寝室，第一件事就是拜见双亲，请安问好。进入父母房间后，和颜悦色地嘘寒问暖，为老人按摩搔痒。服侍老人洗漱和吃饭后，要问清父母有什么要求，如果有的话一定要抓紧办理。到了晚上，还要再次请安，并向老人汇报一天的情况。未成年子女也要这么做，也是在鸡叫头遍起床，拾掇利落，待天色微明时去向父母请安。如果父子不住在一个宅院里，儿子一早也要到父母的住处去请安，晚上再去问候。这叫晨昏定省，是万万不可大意的。

9 丧葬

父母过世，子女表示哀悼，称丧；安葬父母，称葬。对于丧葬，《孝经》有一个总纲："孝子之丧亲也，哭不偯（yǐ），礼无容。言不文，服美不安，闻乐不乐，食旨不甘，此哀戚之情也。三日而食，教民无以死伤生，毁不灭性，此圣人之政也。丧不过三年示民有终也。为之棺椁衣衾而举之，陈其簠簋而哀戚之。擗（pǐ）踊哭泣，哀以送之。"（《丧亲章第十八》）是说，子女失去了父母，悲伤哭泣，但不可哭出节奏，不能带出尾声。接待前来吊唁的人，不必拘泥于礼仪要求的容止，自然就好。说话也一样，可以不经修饰，意思清楚就行。这时候，子女身着华美的衣服一定会不安，耳听优美的音乐一定会不快，口食甘美的食物一定会无味，这都是悲痛哀伤的心情所导致的，所以一定会不同平常。但三天之后，子女必须进食。人不可以因为哀悼死亡而损伤生命，以死伤生是违背人性的，这就是圣人告诉我们的道理。什么事情都有终结，子女守孝三年足矣。安葬父母，有棺材、外椁、衣服就可以了，子女通过陈列方形器皿簠（fǔ）和圆形器皿簋（guǐ）表示哀戚之情，然后悲伤哭泣送别亲人灵柩，前往墓地。

丧葬可以大略分为四个方面，即哀伤、用品、守丧、安葬。

父母亲人去世，子女没有不悲痛的，但要有节制。南北朝时，北魏杰出女性太皇太后冯氏去世，她的孙子孝文帝拓跋宏悲伤之极。其实冯太后挺对不住拓跋宏的。拓跋宏幼年登位，冯太后发现这个孙子过于聪明，又非常机警，生怕长大后对自己不利，打算除掉他，严寒三九天把他关进一间空屋子，三天不给吃喝。由于大臣们竭力劝谏，太后才收手。后来她又听信一个宦官的谗言，打了拓跋宏几十大棍，又一次差点要了孙子的命。然而拓跋宏却十分依恋她，祖母死后，五天没喝一口水，悲痛远远超过了应尽的礼数。大臣们很是着急，中部曹杨椿提醒他别忘了圣人孔子的话，再大的悲哀也不能伤及生命，要他注意自己的身份，不是普通人而是一国之主，这么下去要耽误国事的。这样拓跋宏才喝了一顿粥。悲伤出于天性，保护身体健康也一样出于天性，死亡与生命相比，活人更重要，所以儒家主张节哀顺变。

丧期的用品是表达悲哀的一种方式，其中最显眼的是服饰。古代有《丧服传》，按照逝者的远近亲疏来规定丧服，复杂繁琐，一般人是很难搞清楚的。丧服在于丧，有两个显著特征。一个是质地，用麻制作，麻分粗细，细麻叫缌，所以丧服又称麻服、缌服，穿丧服叫缌麻丧。一个是颜色，为黑色或白色。服丧不仅是给人看，更是给自己看，随时告诫自己身处丧期，行为不能出格，要保持适当的悲情。孔子曾这样说：当一个人身穿丧服、手中拄着竹杖的时候，他不能听音乐，不是耳朵不愿意听，而是身上的丧服规定不可以听。丧服的上衣是黑色或白色，下裳是黑色或青色，穿上这样的衣裳，不能吃肉，不是嘴巴不愿意品尝美味，而是丧服规定不可以吃（《孔子集语·卷六·主德》）。所以身着丧服既是对父母亲人的尊重也是对自己的尊重。有人认为，孔子这段话是对一般人讲的。丧服的作用是表示哀悼，既如此，只要感情到了就可以了，不一定非穿丧服不可，大人物、君子就是这样，这叫"心丧"。但小人物不成，他们没自觉性，缺少自我约束，非得通过礼制提醒不可，所以必须身着丧服。正如司马光所说，圆规和曲尺的作用是设定标准形状，然而平庸的工匠没有它们就不知道怎样才能画出圆形和方形，丧服就是平民百姓的规矩（《资治通鉴·卷八十》）。

服丧期一般是三年。为什么定为三年？孔子的说法是："子生三年，然后免于父母之怀。夫三年之丧，天下之通丧也。"（《论语·阳货》）意思是，子女出生，三年之后才能离开父母的怀抱。所以为双亲守丧三年，是天下共同的做法。父母去世，子女的哀悼是永远的，但要有一个期限，以礼制的形式固定下来，最合理的也是能够计算出来的，就是子女从降临人世到自己能够独立行走的时间，大致需要三年，这期间子女必须完全依赖父母。

孔子这句话因学生宰我而起。宰我，姓宰名予，字子我，亦称宰我。他对三年服丧期提出质疑，认为三年之中子女远离社会活动，礼仪将会生疏，远离音乐，感觉将会迟钝，所以三年时间太长。他主张守丧一年，因为从自然运转看，今年谷子收获的时候，来年的谷子正好吃完，打火的燧木轮也该重新换过。孔子很不高兴，问：守丧未满三年，你就吃白米饭，穿锦衣，安心吗？回答是安心。孔子不屑地说：既然你很踏实，就去做吧！我要说的是，君子在三年丧期，口尝美食没有味道，耳听音乐没有快乐，身居家宅没有安宁，所以不去享受。现在你根本不在乎这些，就去做吧！宰我退出。孔子叫着他的名字说：宰予不仁爱啊！（《论语·阳货》）本来称字，现在叫名，表示拉开距离，老师已经不拿学生当自己人看待了。这话极重，仁是孔子学说的核心，说一个人不仁，无疑等于骂他不是人。在这里，是否服丧三年，成了判定仁爱的一个参照。

这个争论一再出现。北魏孝文帝为祖母戴孝，不管是白天还是夜晚，腰上永远扎着丧带。大臣们劝他不必一定守孝三年，还搬出汉、魏、晋时期的一些实例。孝文帝说，你们讲的这些都属于艰难时期，国家面对动乱，不得不压缩服丧期。现在不同了，正处在上升的盛世，怎么可以回到魏晋？双方各执己见，相持不下。最后孝文帝说要不然这样吧，古代帝王有这么做的，脱下丧服后三年不开口说话，泥塑似的坐在朝堂上，你们看这样可好？大臣们说不好，与其这样还不如把丧服穿下去，虽然看上去有点别扭，但总不至于影响政务。

坚持三年时间不容易，遵守各项要求更不容易。服丧期不仅不能作乐，还不能结婚，不能参加科考，不能做官。唐太宗去世，女儿衡山公主的婚期受到影响，有关官员认为皇家可以特殊一点，公主应当在本年秋季下嫁，结果遭到大臣反对，继任的皇帝唐高宗同意大臣的意见，将成婚时间定在三年之后。

然而由于这项礼制涉及政务，影响到国家正常运转，所以根本不可能完全得到贯彻。南北朝时，北周武帝的母亲去世，他光着脚走到陵地，下诏书说：三年之丧，天子也要遵守，但由于国务军务繁重，必须亲自听政。于是他身着丧服上朝，声明戴孝三年，边工作边致哀。既然皇帝能够变通，那么官员也可以灵活掌握，只要皇帝批准，大臣就不必辞官回家守孝。

再看安葬。父母去世后，应及时安葬，所谓入土为安，这是人的最终归宿，绝不可马虎。唐高宗时，唐朝与吐蕃发生战争，唐将刘审礼战败被俘。他的几个儿子绑着自己来到皇宫前，恳求前往吐蕃赎回父亲。高宗批准刘审礼的二儿子刘易从去办这件事。刘易从到达吐蕃，刘审礼已经病死了。刘易从日夜不停地痛哭，打动了吐蕃人，交还了刘审礼的遗体。刘易从背着父亲遗体，赤足步行而归，实现了父亲归葬故土的愿望。

诸子百家中，儒家最重视葬仪，为此时常被抨击为浪费。儒家之所以重丧葬，从根本上说是出于对生命的尊重以及亲情的张扬，至于厚葬，并非儒家本意。学生林放请教关于礼的问题，孔子说："礼，与其奢也，宁俭。"（《论语·八佾》）有关礼的活动，与其奢侈宁可从俭。这里当然也包括了丧葬。孔子最欣赏的学生颜回死了，孔子哭得非常伤心。大家打算举行厚葬，孔子不同意，但同学们还是超越礼制埋葬了他。孔子说：回啊，这跟我可没有关系，都是你的同学们干的（《论语·先进》）。

感情冲动下容易采用厚葬，所以一定要制定礼仪给予限制，为此孔子主张"死，葬之以礼"（《论语·为政》）。父母去世，按照礼来安葬。不只安葬，包括守丧、用品、哀伤，都要遵循礼制规定。这就为整个丧葬过程提供了一个客观依据。

丧葬的本质是哀伤，就是前面引用过的《孝经》第十章中的那句话"丧则致其哀"，又说"死事哀戚"（《孝经·丧亲章第十八》）。不是说一味哀伤就好，而是要有节制，不能伤及心身。但一定要哀，不哀者不孝。南北朝时，刘宋王朝的孝武帝去世，太子刘子业登基。吏部尚书蔡兴宗亲自将玉玺捧上，刘子业随随便便地接过，没事人似的，脸上一点悲戚都没有。蔡兴宗退出，对人说：春秋时鲁昭公即位，毫无悲伤之色，叔孙穆子就知道他不会有什么好结果。如今国家的灾祸莫非要在新帝身上出现吗？还真被说中了。刘子业即位后胡作非为，引发暴乱被杀，连个名号都没有，被称为废帝。

10 祭祀

祭祀是孝道的最后一项内容，《孝经》说到了这一步子女对父母的关爱就算完成了。祭祀就是安葬父母后，为双亲设立神主牌位，以美酒和食物按时供奉他们的灵魂，寄托追思。《孝经》说："生则亲安之，祭则鬼享之。"（《孝治章第八》）这里的鬼不是坏字眼，指去世的父母亲人。古人将死视为归，认为死是归于土。道家的说法更细一些，说人的精神属于天，身体属于地，人死之后，精神返回上天，身体复归大地，道家把这叫作回归本原。鬼与归同音同义，鬼就是归，所以人们称死人为鬼。上面那句话的意思是，父母在世的时候以事奉双亲来使他们获得安乐，离世以后以祭祀鬼神来使他们得到享受。在道理上祭祀与事奉一样重要，共同体现着对双亲的敬爱。

　　古人相信灵魂不死，非常看重祭祀，无人祭祀自己，意味着死后将成为没人管没人问的孤魂野鬼，与人间的"孤老"同样可怜，这也是"不孝有三，无后为大"的一个考虑。武则天当政时，有人建议废掉皇位继承人李旦，改立武承嗣。李旦是武则天的亲生儿子，武承嗣是武则天的娘家侄子，用武承嗣替换李旦，意味着国家政权由李氏转为武氏。李昭德进言说：天皇（指唐高宗李治）是陛下的丈夫；皇嗣（指李旦）是陛下的儿子。陛下拥有天下，应当传给子孙，一代代继承下去，怎么可以用侄子为继承人呢？从古至今还从来没有听说过哪个侄子以天子的身份为姑姑建立祖庙的！再说，陛下接受了天皇的托付，要是把皇位交给武承嗣，谁来祭祀天皇呢？武则天认为他说得对。然而侄子武承嗣、武三思为谋求太子位，不遗余力地发动游说，武则天又犹豫起来。狄仁杰说：高宗皇帝将两个儿子托付陛下，陛下如今却打算将天下转移给外姓，不是违背天意吗！况且，侄子对姑姑，儿子对母亲，哪一个更亲近？陛下立儿子为太子，则千秋万岁之后，可以配祭太庙，世代享受祭祀，无穷无尽；立侄子为太子，还没有听说过侄子当了天子，而把姑姑的牌位供在祖庙中的。武则天终于彻底打消了更换太子的念头。

　　祭祀既然是一种追思，在时间上就要给予保证，《孝经》说"春秋祭祀，以时思之"（《丧亲章第十八》）。春秋有两层含意，一是泛指一年四季，西周之前只有春秋两季，尚未分出夏季和冬季，所以人们习惯上以春秋来称呼年、时间；一是表示季节更替，这时人们格外关注亲人，嘘寒问暖。这句话是说，一年中季节变换之际祭祀先人父母，适时表达思念之情。这是最一般要求，实际上的贯彻远比四季要频繁。祭祀分私祭和公祭。私祭的对象是父母，兄弟一起祭祀，除了四季之外，双亲去世的忌日也要举办祭祀，清明节还要上坟。公祭的对象是祖先，各房后代子孙共同祭祀，时间由宗族自行确定，有的安排在每个月的初一和十五，由所指定的专人代表大家烧香上供，到了祖先的生日、有关宗族命运的重大日子、清明等岁时节日，同族子孙齐聚祠堂进行公祭。

　　祭祀还有一个目的，就是祈求祖先的祐护。这个时间是不固定的，因事而举。对祖先的崇拜使古人相信他们具有超人的力量。周朝建立的第二年，天子周武王姬发身罹重症，他的两个弟弟周公姬旦、召公姬奭（shì），再加上太公吕尚，向周武王的三代先人即曾祖父太王、祖父王季、父亲文王祈祷。他们为三位祖先建起三座祭坛，周公以策书致辞说：你们的长孙姬发病重，如果这是三位先王在天上需要子孙照料而召他前往，那就让我姬旦代替他去吧。我听话，嘴巴甜，手巧，事奉人的本领可要比姬发强。再说，姬发已经接受了上天的任命，成为天下共主，得以安顿你们的子孙，统治百姓；要是让他离开人世，天下发生变局，不要说你们的子孙将流离失所，就是你们自己也会无所归依，到时候谁来祭祀你们？第二天，武王姬发就起床了，周公姬旦也好好的（《尚书·周书》）。看来祖先确实害怕没人祭祀自己，没有叫姬发去，留下他做天子，也没有叫姬旦去，留下他辅佐姬发。

祖先威力大，又爱护子孙，有了什么事，人们喜欢向他们汇报，由此祭祀也就增添了汇报的内容。周武王的继承人是周成王，冬祭这天，成王杀了两头红色的牛，一头祭祀祖父周文王，一头祭祀父亲周武王，并向两位先王报告，自己任命周公姬旦继续留守洛邑的宗庙，辅佐朝政，让他们放心（《尚书·周书》）。人们还喜欢以祖先的名义行事，古代君主出征作战，要携带祖先的神主牌位，见证重大决策，以增加分量。禹的儿子、夏朝的天子启在决战前夕召集六军将帅，发誓说：听从我的命令的人，我将在祖先的神位前进行奖赏；违背我命令的人，我将在祖先的神位前实施惩罚，降为奴隶，或者杀掉（《尚书·夏书》）。

祭祀是与逝去的双亲、先人对话，强调的是庄重。《孝经》说：“祭则致其严。”（《纪孝行章第十》）严，规整、庄严、肃穆。祭祀与丧葬不一样，丧葬的本质是哀，祭祀就不能悲伤了，其本质是严。为了体现严，参加祭祀的人一定要衣冠整洁，态度严肃，举止有序。双亲的忌日不能饮酒吃肉，严禁作乐，不得同房。

爱自己

爱自己是孝道的另一个部分，包括爱身和善身。

1 爱身

爱身是自爱的一个方面，指的是爱护自己的身体。《孝经》说："身体发肤，受之父母，不敢毁伤，孝之始也。"（《开宗明义章第一》）身，躯干；体，四肢；发，毛发；肤，皮肤。是说，子女肉体的一切都来自父母，必须精心爱护，不能受到破坏和伤害，这是孝道的起始。

孔子的弟子曾参有一个学生，姓乐正，名子春。乐正子春从堂屋出来下台阶时不小心扭伤了脚，脸上很是忧愁。脚伤好了之后，他好几个月不出门，脸上的忧虑仍不消退。弟子问：先生您下台阶扭伤了脚，伤愈后几个月不迈出门一步，直到现在脸上仍挂着忧色，请问这是为什么呢？乐正子春说：问得好！我从曾子那里听到过这样的话——曾子又是从孔子那里听来的——父母生下儿子的时候，完整无缺，儿子也应该按照原来的样子完完整整地把自己归还给父母。保证自己的身体不亏损，使形体不缺失，才能称为孝。君子时时刻刻都要牢记这一点，而我却忘记了，没有能够坚持孝道，所以忧虑不已。讲述这件事的《吕氏春秋》评论道：所以说，身体并不是你的私人所有，它是父母遗传下来的东西。这就是古人的观念：你的肉体不属于你，而属于父母，是他们身体的延续，你没有权力随便对待它。

什么叫不随便对待肉体？《吕氏春秋》引用曾参的话说："父母生育了我们身体，子女不敢毁坏；父母存活了我们身体，子女不敢废弃；父母保全了我们身体，子女不敢缺损。所以渡河时应该乘船而不是游过去，走路时应该选择大路而不是走小路。做到躯体四肢健全，用来守护祖庙，可以说是尽孝了。"

曾参生病，把门人弟子叫到家里，指着自己的身体说：瞧瞧我的脚！瞧瞧我的手！《诗经》云，战战兢兢，如临深渊，如履薄冰。我就这么小心翼翼地过了一辈子，生怕身体发生不测。现在好了，毫无损伤，可以完整无缺地还给父母了。你们年轻人一定要记住今天我的话（《论语·泰伯》）。

唐朝初年，出现了一种怪现象，喊冤告状的人中有的竟然自毁耳目。这大约出于两种心态。一种是实在气愤不过，心中的苦楚没个发泄的地方，只好拿自己的身体出气，就像古书中说得那样"以头抢地尔"，用头撞击地面，但现在升级了，自残耳朵和眼睛。另一种是流氓心态，俗称耍光棍——光棍一条，无所牵挂，所以敢于做出常人做不出来的事情。黑社会的拿手好戏，油锅里捞铜钱，大腿上放烧红的炭火，就属于这一类。两种心态不同，前者出于悲愤，做给自己看，后者出于威胁，做给别人看，但客观效果却一样，都是逼迫朝廷就范。唐太宗李世民不怕这些，他是枪林箭雨中死人堆里滚过来的人，比这血腥的场面不知见过多少，便下了一道圣旨，说："身体发肤，不敢毁伤。比来诉讼者或自毁耳目，自今有犯，先笞四十，然后依法。"第一句讲道理，引的是《孝经》原话；第二句讲对策，对这些自残的不孝东西，前面的就算过去了，今后再有这么干的，二话不说，先抽 40 鞭子，要不就换成 40 棍子，惩治完不孝之罪再说事，依照法律，该怎么处理就怎么处理。不久李世民又发现一种情况，是从隋朝传下来的。那时徭役繁重，老百姓实在受不了了，有人便把自己的手或脚搞残废，逃避劳役，还起了个好听的名字，叫"福手""福足"。唐朝取代隋朝，这种风气沿袭下来，依然是对付劳役的有效法子。李世民又下了一道圣旨，意思是再有人弄这"福手""福足"，依法加罪处理，不光追究逃避劳役的罪，还要算不孝的账，然后再发配去服劳役，管你是瘸子还是拐子。

　　总之，肉体是绝对不能损伤的，就连毛发也必须完整保留，所以汉人自古无论男女，一律长发，而且是原装。明末清军入关，头发由意识问题一下子变成政治问题。满族与汉族不同，男人剃去头顶毛发，留下后面的毛发梳成辫子。清朝统治者知道，要想征服在人数上占绝对优势的汉族，光凭武力打击是不成的，还要在文化心理上进行扭转，于是头发便成了突破口。这似乎有点好笑，其实头发从来就不是小问题。孔子师生议论管仲，子贡说他算不上仁人。孔子说，怎么算不上？要不是他辅佐齐桓公抗击其他野蛮民族，中原早就被夷狄占领了，你我之辈"披发左衽矣"（《论语·宪问》）。由现在的束发改为夷狄的披发，穿着左边开口的衣服，臣服外族了。

现代也是这样，朋克便以其古怪发式张扬自己的特立独行和生活态度。而这里头发是以民族及社会族群的外在标志出现的，正因为如此，清政府才要以半剃半留的辫子发式取代汉人的全留束发式。头发关系孝道，汉人当然不愿意，结果是"留头不留发，留发不留头"。据说那时的剃头匠身兼刽子手，剃头挑子一端挂剃刀，一端挂鬼头刀，见着男人便扭住摁到挑子前，指着两种刀问，剃发还是割头？到这时人们才意识到，原来头发与生命等值，是可以互换的。

在儒家思想熏陶下，包括头发在内的肉体已经脱离了生物学，是一种承载孝道之物，具有民族心理和民族特征的文化意味。

2 善身

善身也是自爱的一个方面，主要指在道德上完善自己，规规矩矩做人。它与前面的爱身不同，爱身是从肉体上、生理生命上讲自爱，善身是从思想境界上、道德生命上讲自爱。在《孝经》中，善身叫立身，说它是"孝之终也"（《开宗明义章第一》）。善身是孝道的终了。前面引用过《孝经》的话，说爱身是"孝之始也"。爱身为始，善身为终，从自爱的角度看，二者构成了孝道的完整过程，两个都做到了，就是善始善终。

善身可以归结为两条，就是《孝经·感应章第十六》说的"修身"和"慎行"。

先看修身。儒家重视道德修养，认为不修身不能成为人。具体到父子关系，可以这样说，不修身不能成为孝子。《孝经》要求子女要"立身行道，扬名于后世，以显父母"（《开宗明义章第一》）。

以道德立身，践行道义，留给世人好名声，从而彰显父母的荣耀。岳飞是忠臣，人们见到他的母亲便不由肃然起敬，说这是大忠臣之母，夸她生养教育了一个好儿子；秦桧是奸臣，人们见了他的母亲便不免心生轻贱，说这是大奸臣之母，责怪她怎么养了这么一个败类。还有孟母，因为孟子，人们知道了她的故事，继而知道了她娘家姓仉（zhǎng）。孟子、岳飞带给亲人的是尊敬，父母脸上有光，就是尽孝；而秦桧带来的则是耻辱，父母抬不起头来，就是不孝。由此可见，修身不是个人事情，它关系到父母亲人的处境。所以孟子说："守，孰为大？守身为大。不失其身而能事其亲者，吾闻之矣。失其身而能事其亲者，吾未之闻也。"（《孟子·离娄上》）守，守护；亲，父母。意思是，守护什么最重要？守护自己的德行最重要。不丧失德行而得以事奉双亲的人，我听说过。丧失德行还能够事奉双亲的人，我从来没有听说过。不是说无德之人不能养活、照顾父母，而是说他做不到保持父母的尊严，给他们一个好心境。

西汉武帝时，隽不疑担任京兆尹。每当他巡视各县回到家中，他母亲总要问：给受冤枉的人平反了吗？救活了多少人？要是隽不疑为人平了反，母亲便比平时高兴；要是没有平反，母亲便生气，不肯吃饭。还有一位母亲，姓杨，晚唐人。唐宪宗时，藩镇跟朝廷对抗，军阀吴元济闹得很凶。他扣留杨氏为人质，打发她的儿子董昌龄到郾城去当县令。杨氏对儿子说：忠顺朝廷即使死了也比背叛朝廷而活着强，你脱离叛逆，就是吴元济杀了我，你也是我的孝顺儿子，你追随叛逆，就是我活在世上，也等于你杀死了我。这两个儿子要让母亲保持好心情，隽不疑必须以仁爱待人，董昌龄必须以忠诚处世，他们都必须不断告诫自己，提高自己的德行。两个儿子做得都不错，隽不疑为官虽然严厉但不残忍，董昌龄率领全城归顺了朝廷。他们的母亲可以放心了，不必担心人们骂她们是酷吏之母、叛贼之母。

再看慎行。《孝经》说："事亲者，居上不骄，为下不乱，在丑不争。居上而骄则亡，为下而乱则刑，在丑而争则兵。三者不除，虽日用三牲之养，犹为不孝也。"（《纪孝行章第十》）是说，作为孝子，在外面处于高位不骄横，处于下位不犯上，处于卑贱不争夺。处于高位而骄横，一定灭亡。处于下位而犯上，一定遭受刑罚。处于卑贱而争夺，一定引来凶杀。这三样不戒除，就是每天给父母吃牛羊猪肉做成的大宴，也是不孝之子。这是一个笼统说法，总的意思是告诫子女为人处世一定要慎重，诸如保持节制、忍耐、知足、宽厚、谦恭、退让、忠顺、遵循道义、少言多思、不为天下先，等等。

三国时，魏国有个人叫王昶。魏明帝曹叡命令三公九卿每人推举一个德才兼备的人，司马懿推荐的就是王昶。王昶做过刺史，为人恭谨忠厚，他给儿子起名王浑、王深，给侄子起名王默、王沉，写信告诫他们，一定要牢记名字的含义。说：如果能把委曲看作是舒展，把谦让看作是获得，把柔弱看作是刚强，很少有不成功的。他特别叮嘱子侄要注意口德，认为这是灾祸和福分的契机，还引用孔子的话"我对别人不毁谤不赞誉"，说圣人尚且如此，何况我等平庸之辈？所以当受到别人攻击时，应退一步质问自己，如果确有可以攻击的行为，那么别人就是对的；如果没有，那么他的话就是虚妄之言，既属虚妄，便无害处，又何必报复他？

南北朝时，北齐大将贺若敦恃才自傲，因为没有当上大将军，口出怨言。丞相宇文护大怒，将贺若敦从前线召回，逼他自杀。临死前，他对儿子贺弼说：我的志向是平定江南，可惜实现不了了，你一定要完成我的遗愿。我因为口舌不慎而死，你不能不深思。说罢，拿锥子把贺弼的舌头扎出血来，让儿子牢记自己的教训。

为什么要求慎行？理由很简单，因为不慎重会闯祸，而祸患会殃及父母亲人。中国古代实行株连制，一人犯事，牵累多人，动不动就灭族。由近及远，灭三族，灭五族，灭九族，甚至有灭整个宗族的。东汉末年，国舅董承伙同王服、种辑密谋扳倒曹操，事泄被杀，曹操将他们的三族全部屠灭。北魏杨氏是名门望族，出了七位郡太守，三十二位州刺史。其成员杨侃参与了清除尔朱氏的谋划，尔朱氏攻入京城，掌握朝政，不光杀了杨侃一家，他的两个叔叔家也遭杀戮，杨氏一族不分老幼被杀得干干净净。不管灭几族，父母都跑不了，只要罪行够得上株连，就可能使双亲受到伤害，因为他们是最近的亲人。

战国时期，赵国任用赵括为大将与秦军作战，赵括的母亲认为儿子只会纸上谈兵，坚决反对，赵王不听。赵括的母亲没有办法，便要求免受株连，赵王答应了。果然赵括战败，葬送兵卒45万，赵国自此一蹶不振。追究罪过，幸亏老夫人有言在先，才逃过一死。西汉宣帝时，严延年任河南太守，此人喜怒无常，残酷无情，被称为"屠伯"。他的母亲想念儿子，千里迢迢地从老家赶到洛阳看他，打算一起进行腊祭，正遇上冬季处决犯人，血流成河。老夫人失望极了，住进驿站不见儿子。严延年跪在门外一个劲儿地磕头，母亲才打开房门。腊祭刚一结束，老夫人立即返乡，临走前对儿子说：天道在上看着，杀人者必被人所杀，想不到我将老年丧子，我回去准备好墓地等着你。过了一年多，严延年果然被杀。这两位母亲有见识，运气也不错，但大多数情况类似的父母亲人就没这么走运了，因子女株连而被杀、受刑、流徙、没官为奴的不知有多少。

即使罪行很轻，够不上株连，也是不孝。中国古代实行肉刑，重则砍头、车裂，中则断手砍足割生殖器，轻则鞭抽杖击，脸上刺字，最不济的髡刑也要把头发剃掉（清初改发型，须剃去顶端的头发，汉人就认为这是遭受髡刑）。只要受刑，就会造成肉体缺损，这就回到我们上一个问题，身体发肤属于父母，它的损伤是对双亲的冒犯，是不孝的行径。

再退一步，即使不触犯刑律，行为不慎，也是不孝。前面说过，孝道的一个内容是让父母安然，还引用过孔子的话，只让父母为子女的疾病操心，此外再无别的忧虑。然而现在不是这样，一个不懂节制的儿子或女儿，不知道要牵扯双亲多少精力，让父母担惊受怕，提心吊胆地过日子。前面提过孟子列举的五种不孝，前三种表现的是不赡养，现在我们看后两种。分别是："从耳目之欲，以为父母戮，四不孝也；好勇斗狠，以危父母，五不孝也。"（《孟子·离娄下》）是说，放纵肉体欲望，给父母带来耻辱，是不孝；逞匹夫之勇，争强好斗，给父母造成危险，是不孝。放纵欲望、好勇斗狠并非犯罪，但却是不孝，因为这两种行为搅扰了父母的平静。

这也说明，慎行虽然表现在子女身上，但目的是为了父母亲人。

就是说，包括慎行以及修身在内的善身，连同上面的爱身所体现出来的爱自己，实际上是爱父母。为了他们，子女才应该也必须去保护自己的身体发肤，去提升自己的思想道德境界从而规规矩矩地做人，正因为这种联系，对自己的爱才属于孝道。

孝道的意识基础

孝道作为一种道德意识与实践，有两大思想前提，一个是哲学上的知，一个是生活中的情。可以说，作为孝道的意，是哲学上的认知与生活中的亲情的升华。

哲学之知

1 宇宙论

古人论述问题，喜欢上升到哲学高度，为其提供根本性支撑。就是孔子说的"圣人做则，必以天地为本"（《孔子家语·卷七·礼运》）。则，法则。意思是，圣人制定法则，一定要以天地为根据。正因为如此，"故物可举"，同类事物才能够被包括在这个法则内。按现在话说，法则才具有普遍性。鲁国君主鲁哀公向孔子请教为政方法，孔子要他学习黄帝，说黄帝之政的要旨就在于其治国原则取自天道，譬如，黄帝推行的儿子服从父亲，臣民服从君主的纲常，效法的就是天道（《孔子集语·卷六·主德》）。那么儿子服从父亲所体现的孝道是如何反映天道的呢？这就涉及儒家的宇宙论。

宇宙开端于"太一"。太也写作大，太一也叫大一。太是大的意思，大多出一点为太，比大还要大，意即原初。这个原初混沌不分，什么也不是，就那么一团气，可以叫它元气。元气在运行中逐渐分化，形成天和地。天地的位置不同，天在上，地在下。天地的特点不同，天刚健有力，运行不息，是启动者；地广大深厚，承载一切，是顺从者。地跟着天走，春天来了，大地复苏，就是地对天的依顺。同时，元气还转换成阳气和阴气，这两种性质不同的气相互作用，产生包括人在内的万事万物。在儒家经典《周易》中，这个过程以爻和卦的符号形式表现出来。爻是最基本的符号，表示阴的爻写作"－－"，是女性生殖器的抽象，表示阳的爻写作"－"，是男性生殖器的抽象。两种爻相交，组成8个卦，8个卦互相搭配，演变出64个卦。8卦、64卦也是符号，8卦分别象征天、地、雷、风、水、火、山、泽，64卦代表万事万物。

以这种宇宙论观照子女与父母的关系，至少有助于形成三个观念。一是敬祖。任何一个人的产生，都有个来处，最切近的是父母，往上去是祖父、曾祖父，一直追溯到祖先。生命环环相扣，血脉源远流长。二是尊卑。《周易》说："天尊地卑，乾坤定矣。"（《系辞上传》）天高高在上，地低低在下，天地的地位便这样确定了。这种直观的景象为世界和社会确立了基本格局，包括人在内的一切事物都要分出等级。鲁哀公拿出桃子和黄米赐给孔子，孔子先吃黄米，然后再吃桃子，旁边的人笑话他，说黄米是用来擦掉桃子上的绒毛的。孔子说：这我知道，然而黄米是五谷之长，用为上等祭品，而桃子则是下等祭品，用高贵的来为低贱的服务，违背了礼义，所以不敢这样做。这说的是自然界，社会更是这样。按照《孝经》的说法，人分为天子、诸侯、大夫、士人和庶人五大等级。这只是粗略划分，其实等级中还分等级，诸侯分公侯伯子男，大夫分上中下，庶人也分高低，战国时农人地位最高，工人其次，商人最不受待见。家庭也不例外，尽管血脉相连，也要以等级加以区分，男性高于女性，年长高于年幼。孔子在给鲁哀公讲解黄帝的治国方法时说："父之于子天也。"（《孔子集语·卷六·主德》）父亲对儿子来说就是天。这是以天尊地卑来界定父母子女关系，父母是天，处于上位，子女是地，处于下位。三是顺从。父母作为天，是启动者；子女作为地，是顺从者，必须效法大地的品质，包容承载父母的意志。

孝道就这样打上了天道的亮色。子女对待父母，不只是对人，而且是对天，遵从父母同时是顺应天道，忤逆是违背天道。孔子说："有子不事父……是非反天而到行邪！故有子不事父不顺。"（《孔子集语·卷六·主德》）当儿子的不孝顺父亲，就是违背天道，就是倒行逆施！所以不孝之子必须受到严惩。五代时，后晋有个叫李彦的人，官做得不小，却不赡养父母，把他们抛在乡野不管不顾。后来李彦追随范延光造反，升任步军都监，负责守城。朝廷通过访查捕获了李彦的母亲，带到城下招降李彦。不想李彦一箭就把母亲射死了。范延光投降后，后晋皇帝石敬瑭封李彦为坊州刺史。有人反对，说弑母乃是大恶逆，不可饶恕，怎么可以让这样的逆子做高官？石敬瑭根本不听，理由是赦令已经发出，必须恪守信用。司马光评论道：治理国家当然不可以不守信用，然而李彦的罪恶，天、地、人、鬼无一能够相容。如果石敬瑭宽赦他的背叛君主之过，惩罚他的弑母之罪，又怎么谈得上损害信用呢！古人主张宽容，别的都好商量，就连造反都可以原谅，唯独忤逆，绝不可以饶恕。

然而，孝道与天道毕竟是两种不同的东西，父尊子卑属于人间，天尊地卑属于宇宙，前者只是对后者的简单效法，属于应然范畴。就是说，这种宇宙观只是证明了子女孝敬父母是应该的，不能证明子女这样做也是必然的。这个缺陷由后来的理学解决了。宋代和明代出现了一批学者，借鉴佛学和道学思维，以理性阐发儒学，故称理学，也叫新儒学。南宋的朱熹（1130—1200）是理学家中成就最高的一位。

孔子讲过两句话。一句是"夫礼者，理也"（《孔子家语·卷六·论礼》）。理，纹理，原本指石头上的纹路、脉络，引申为条理、秩序。一句是"夫礼，必本于太一"（《孔子家语·卷七·礼运》）。太一，元气，宇宙的开端。这两句话在儒家六经之一的《礼经》中也有记载。第一句话是说，礼就是理。孔子崇尚礼，礼是一种经济、政治、文化制度，是一种道德。说礼就是理，是对礼的本质性概括，礼在本质上就是秩序。第二句话讲礼的来源，它扎根于宇宙的元气。两句话连起来，可以得出这样一个结论，礼作为秩序在宇宙开始时就存在着了，是本源性的东西。

朱熹正是在这个思想基础上建立他的宇宙论的。在朱熹那里，理叫"太极"，也称作"道"。朱熹的理与孔子的理一样，是先于天地万物的存在，但更抽象，是没有形体的精神，表现为诸如仁义礼智一类的根本道理。理既然是抽象的东西，就不能自己存在，必须靠挂在什么东西上面，正如树这个概念，只能依存于具体的树木。朱熹认为，理所依附的是气。气与理一样，也是宇宙的本原，但在形态上不同，礼是形而上，纯粹的抽象，气属于形而下，是具体的，可以感觉到，譬如气在春天温暖厚重，在冬天寒冷严酷。但气又不同于其他具体事物，事物是定型的，树就有模有样，而气的形体则游移不定，虚无缥缈。气的最大功能是造作，也就是产生万物。

它很不安分，不停地运动，表现为阴阳两种气不断摩擦，摩来摩去，便摩出许多渣滓，久而久之，渣滓便聚结为事物，由于渣滓的粗细程度不同，所形成的事物也就不同。天、地、人、万物就是这么来的。由于理寓于气，当气摩擦而形成事物的时候，理也就融入其中了，所以事物一经产生，就蕴含着理。具体到人来说，他不是空无所有地来到世上的，而是心中带着理。

把这种宇宙论用在子女身上，就是孝道与生俱来。任何一个人，不管是什么样的人，一出生就具有敬爱父母的意识。就连上面提到的那个恶徒李彦也一样，只不过孝道在他那里被人欲遮蔽了、淹没了。这样，孝道就不再是对天道的模仿，它就是天道本身，天人合一。子女敬爱父母不只是应该，也是必然，现实生活中尽孝道是一定的，只要是人，都会这样做。用今天的话形容，就是孝道已经融化在人们的血液中，积淀在遗传基因中，是一种发于内心的本能。

这同时是一种定命论。儒家讲命，孔子说："其降曰命。"（《孔子家语·卷七·礼运》）其，指天。上天降给人的就叫作命。北宋理学家程颐（1033—1107）也说："天所赋为命。"（《近思录·道体》）上天赋予的就是命。上天给予人的是什么？朱熹回答是理。这就是说，履行孝道是人的命。你只要做了人，只要身为儿女，就一定要敬爱父母，这是你的命，无可更改，没什么好说的，除非你不做人而去做禽兽。

儒家的宇宙观告诉人们，孝道是一种天理，子女尽孝是理所当然。

2 生成论

本书开篇谈到"子子",说有两个子,前一个是现实生活中具体的儿子、作为社会角色的儿子,后一个是理念的儿子、标准的儿子,具体的儿子一定要以理念的儿子为样板,角色的儿子一定要向标准的儿子看齐,这就是孔子主张的正名。这其实告诉人们,人并非一生下来就能够成其为子女——尽管他是父母所生,父母所养——他只是具备了子女的身份,承受这个名,距离真正的子女、名副其实的子女还有很长的路要走。子女是要成为的,是一个过程,需要不断的努力。就此而言,"子子"就是成为子女。

孔子虽然没有专门论述成为子女,但谈到过成为人。"子路问成人。子曰:'若臧武仲之知,公绰之不欲,卞庄子之勇,冉求之艺,文之以礼乐,亦可以为成人矣。'"(《论语·宪问》)大意是,子路问怎样成为人。孔子回答:你如果在智慧上达到臧武仲的水平,在控制欲望上达到孟公绰的水平,在勇敢上达到卞庄子的水平,在学艺上达到冉求的水平,再以礼乐来补充,就差不多可以达到成人了。臧武仲、孟公绰、卞庄子都是鲁国大夫,以德行优秀而著称。臧武仲曾在齐国闲住,国君齐庄公想结交他,赐予他一片土地,臧武仲预见到齐国将要发生内乱,委婉回绝了,不久齐庄公果然被权臣崔杼(zhù)杀害,而臧武仲因与齐庄公没有瓜葛得以免祸。孟公绰出身于鲁国三大权贵之一的孟氏家族,为了表示自己的志节,也为了与权贵们的穷奢极欲划清界限,据说将自己的姓改为"寡欲"。卞庄子勇武过人,曾经一举刺杀两只恶虎。冉求是孔子的学生，全面掌握了儒家的功课"六艺"。这四个人都是人尖子，在各自方面达到了做人的巅峰，不要说四个人一起学，就是追上其中一个，也是很难的，然而孔子仍嫌不够，还要再加上礼仪和音乐进行修饰，这些都达标了，才勉强可以说是成为了人。

这么高的要求，谁能达到呢？没人能够达到。不要说子路，就是孔子本人也达不到。他曾说："君子道者三，我无能焉：仁者不忧，知者不惑，勇者不惧。"（《论语·宪问》）道，导向。意思是，君子人格导向三个要求，即仁爱的人不忧愁，明智的人不迷惑，勇敢的人不惧怕，对于这三条目前我还做不到。这里的君子与成人是一回事，表达的都是做人的至高境界。为什么孔子达不到？因为成人是一个目标、一种方向，这个人代表的是人的本质。这样看，成人就是成为具有人的本质的人。这个本质不是生物学意义上的，而是社会历史学意义上的。在生物学上，每一个人都具有人类特质，但从社会历史学上看，就不是这样了。人类来自动物，无疑具有动物性，不彻底摆脱这种属性，诸如短视、贪婪、自私、吝啬等，就不能最后称之为人。这就是说，除了我们这些具体的人之外，还有另一种人，即真正的人、理想的人，他才代表人类的本质。这样的人在柏拉图那里叫理念，在西方文化中叫上帝，在庄子那里叫真人，在佛家那里叫觉悟者，在孔子那里叫君子。可以这样比拟，人不是一个名词，而是一个动词，不是过去时、完成时，而是现在时、将来时。总之，人是一个自我实现的过程，人类自产生之日起，所进行的一切实践活动都属于摆脱自身缺陷而朝着人的本质不断接近的努力，人是生成着的。通过自己的活动而拥有人的本质，就叫人道，成人是人之为人的道路。

儒家思想就是这样一种生成论，其全部学说都是围绕着人如何去实现人的至高境界而展开的。君子是孔子设计的理想人的静态模型，而成人则是达到这个理想的动态过程。这就为我们深入理解"子子"提供了一个思想框架。"子子"是成为子女，而所成为的那个子女，作为标准的那个子女，首先必须是人，我们只有先做人而后才能做子女。前面说过曾参和曾元，曾参努力做人，所以做子女也够格；曾元的道德修养不够，做人有差距，所以子女也做不好。在这里，曾参是作为人而出现的子女，而曾元则不是，因此他对父母的奉养被划入犬马式的动物性服务一类。这说明，成为子女是在成为人的背景下实现的，成为人属于人道，成为子女属于孝道，人道是孝道的平台。

说人要实现自己的本质，并不意味着这个本质是从外面强加给人的，成人的根据其实就在人自己身上，它就是善。主张人性善是儒家的一个标志性理念，由孟子首先明确。他是由情来推断人性，说："人皆有不忍之心。"（《孟子·公孙丑上》）不忍，恻隐、同情。人人都有同情心。他举例说，当人们看到小孩子将要掉进水井，不管是认识还是不认识，没有不震惊的，感情上一定要产生强烈共鸣。这种同情心就是善的表露。朱熹也坚持人性善，说"人性本善""人之性皆善"（《朱子性理语类卷第四》）。他与孟子不同，是从理来规定人性，人在形成的时候，仁义礼智这些根本道理参与其中，人是带着理出生的，理就是善。正因为人性是善的，人才向善，追求善；正是向善、追求善，推动着人成为人，成为子女。说成人的根据在于人自身，就是承认孝道根源于人，是人的道理。

儒家的生成论告诉人们，孝道是一种人道，子女尽孝是道之使然。

生活之情

1 亲仁

亲仁是孔子的话，其中的亲，主要指父母，仁是仁爱，亲仁就是爱父母。子女对父母的爱的感情是孝道的一个现实生活来源。

孔子思想中，处于核心地位的是仁的观念，为此人们称儒家学说为仁学，称儒家道德为仁德。在儒家看来，仁是人的根本性规定，只有人类才具备仁，也正是因为拥有仁，人类才成其为人。仁的基本含义是爱，北宋大儒周敦颐（1017—1073）说："爱曰仁。"（《近思录·道体》）朱熹说："仁者，爱之理，心之德也。"（《论语集注·学而》）德，获得。意思是，仁是爱的天理，是人对这一天理的获得，是存在于心中的爱的原则。由于爱是仁的基本精神，人们通常把仁称为仁爱。

仁者之爱是泛爱，爱世上的一切，亲人、自己、他人、国人、外国人、动物、物品、财富、事业等，无一不包括在内，就没有不爱的。但这并不意味着均等的爱、无差别的爱，不等于爱亲人与爱他人一样，爱国人与爱外国人一样，爱人类与爱动物和物品一样。儒家讲等级，在仁爱中也贯穿着等级意识，对象不同，爱的分量自然不同。

人与物，人优先。孟子说："君子之于物，爱之而弗仁。"（《孟子·尽心上》）弗仁，不施与仁。君子对于物品，爱惜它但不必施与仁。这里的仁指人类之间的同情心，只能用在人身上。包括财富、金钱在内的物品再怎么贵重也跟人不一样，人永远高于物，所以对物是爱而不仁。

亲人与他人，亲人优先。孔子说："泛爱众而亲仁。"（《论语·学而》）广泛地爱所有人但首先是爱亲人。孟子也说：君子"之于民也，仁之而弗亲"（《孟子·尽心上》）。民，一般人；弗亲，不施与亲爱。君子对于非亲非故的人，爱他但不必施与亲爱。

朱熹形象地将仁爱的差别性比喻为水流："仁如水之源，孝弟是水流底第一坎，仁民是第二坎，爱物则是第三坎。"（《朱子语类》卷二十）孝弟，孝是子女对父母的爱，弟是弟弟对兄长的爱。是说，仁爱如同水的源头，它流经三个阶梯：第一个是孝悌，即亲人之爱；第二个是仁民，即关爱他人；第三个是爱物，即珍惜万物。随着关系的疏远，爱的程度依次递减。

最强烈的爱、最切近的爱、最无微不至的爱只属于亲人之间，这种爱叫"亲亲"，即亲爱亲人。爱亲人是第一位的，所以孟子说："亲亲，仁也。"（《孟子·尽心上》）爱亲人就是仁爱。在古代，亲是个血缘概念，指有血缘关系的人，最近的是父母子女，其次是兄弟姐妹，然后是同宗同族。亲人之间的爱也分先后主次，分量有所不同。子夏向老师请教复仇问题，问对于杀害父母的仇人应该怎么办？孔子的回答是：枕戈待旦，不共戴天，只要碰上，即使没带武器，也要冲上去拼个你死我活。又问对于杀害兄弟的仇人呢？回答是：不跟他在同一个国家当官，如果办公事遇上，各走各的路，绝不理睬。再问对杀害堂兄弟的仇人呢？回答是：自己不出头，如果他家的人去报仇，就跟在后面参加行动（《孔子家语·卷十·曲礼子夏问》）。孟子说："仁之实，事亲是也。"（《孟子·离娄上》）仁的实质，就是事奉双亲。

正是这种爱父母为首要之爱的情感，决定了子女在任何时候都要把父母放在第一位，努力履行孝道。儒家眼中的模范孝子舜就是这样做的。孟子有个弟子叫桃应，成心刁难老师，提出这样一个假设：舜当了天子以后，选拔铁面无私的皋陶做大法官，这时候舜的父亲瞽瞍那个什么都不懂的老顽固杀了人，怎么办？孟子答：还能怎么办，皋陶当然是把瞽瞍抓起来啦。桃应问：难道舜就不加以制止吗？孟子摇摇头：怎么制止？皋陶又不是随便抓人，他是依法行事。桃应又问：那么，舜就眼睁睁地看着老父亲被皋陶那个六亲不认的东西抓走吗？孟子说，怎么能？舜会趁着皋陶没有下手之前，偷偷地背上老父亲逃跑，逃得远远的，一直逃到荒凉的大海边，然后住下来，高高兴兴地享受天伦之乐，一直到死。在舜的心中，没有什么比亲人更重要的了，天子的位置跟儿子相比，就像是破草鞋，所以为了父亲他会毫不犹豫地把这个位子扔掉，在海边陪着老父，将掌握天下的往日荣光忘得干干净净（《孟子·尽心上》）。

这说的是正人君子。而小人就不同了，他们是卖亲求荣的形象。前面谈到过一个以正直出名的楚国人，此人在《吕氏春秋》中也有记载，说他向官府告发自己的父亲偷了别人的羊，官府把他父亲抓了起来，定为死罪。这个人又请求代替父亲去死，官府同意了。

行刑前他大发牢骚，说我告发父亲不是很诚实吗？我代替父亲受刑不是很孝顺吗？又诚实又孝顺却被拉出来砍头，那么这个国家里还有不应该被处死的人吗？楚王听说后，没有杀他。这件事传到孔子那里，他说，这个所谓的正直人算怎么回事？利用一个父亲为自己两次捞取名声！在《论语》中，只说他告发父亲，别的一概没有，《吕氏春秋》添油加醋，借题发挥，还借孔子之口把他打成名利之徒。其实这个人没那么坏，也没那个心眼，他就是死性，俗话说有点"二"，遇事转不过弯子。这么糟践他，说明了人们的鄙视、唾弃，不管出于什么目的，是有意还是无意，像这个人的做法都不可原谅，因为他不顾父子亲情，背离了孝道。

2 恩德

父母对子女的养育之恩是孝道的又一个现实生活来源。养包括生身和抚养，育包括教育和立业，在所有这些方面，父母都做出了无私的付出，付出是恩，无私是德，故称恩德。父母恩德广大深厚，可比天地。五代时，南唐国主李璟亲手书写表章，发出这样的感慨："天地之恩厚矣，父母之恩深矣，子不谢父，人何报天，惟有赤心，可酬大造。"意思是，天地的恩泽太厚了，父母的恩泽太深了，父母之恩子女怎么能够回报过来，天地之恩人们怎么能够感谢过来，唯有献上一颗赤诚之心，以敬大恩大德。

生身和抚养不必细说，只谈一下父母对子女的感情。魏晋时有一个人叫王戎，是著名的"竹林七贤"之一。晋朝建立后，因参与平定东吴有功被封为侯爵。王戎有个儿子叫王万子，小小年纪就天折了，王戎伤心欲绝。王戎有个好友叫山涛，也是"竹林七贤"之一，山涛的儿子山简前去看望王戎。面对客人，又是晚辈，王戎仍旧悲痛得不能自已。山简见状，开导道：万子不过还是幼儿，您何至于如此伤怀呢？王戎抹一把泪，哽咽着说：圣人可以做到超脱感情，小人难以产生感情，感情最为专注的就是我们这样的人了。我怎么能不悲伤呢？听了这话，山简大为折服，跟他一块儿悲恸起来。悲痛的后面是什么？是生和养的巨大付出。

与生养相比，教育和立业的难度更大。教育方面，最著名的是孟母三迁的故事。据传，孟子小时候，家离坟地很近，小孩子淘气，又喜欢模仿，见到出殡的，就学着孝子的样子跪拜、痛哭。孟母认为这会影响孩子的心理健康，便把家搬到了市场附近。不想孟子又经常往市场里跑，模仿商人举止，迎来送往，打躬作揖，讨价还价。孟母认为这样下去一定会使孩子沾染不良习性，又把家搬到了学校附近。学校是教育人的地方，孟子听到的是读书声，看到的是师生之间的礼仪举止，孟母终于满意了，在这里长住下来。

程颐曾经谈起过自己的继母侯氏，说她善解人意，为了不使丈夫生气，遇事都往宽里说，唯独儿子们有了过错，绝不遮掩，一定如实告知。她常说：孩子之所以不成器，就是因为母亲心太软，常常对父亲隐瞒。她生了6个儿子，只活了2个，爱护倍加，但从不骄纵。儿子跌倒，她不让搀扶，呵斥道：你如果小心慢走，会跌倒吗？不管是自己生的儿子还是前夫人生的儿子，她一律严格要求，每见儿子们挑食，便说：从小就追求享受，长大了怎么得了！所以程氏兄弟一生都不挑剔衣食（《近思录·齐家之道》）。

为了教育好子女，父母甚至不惜献出生命。春秋时期，晋国公子重耳受陷害逃亡在外，重耳的侄子圉（yǔ）即位为君，是为晋怀公。怀公下令，凡是跟从重耳逃亡的人都必须回国，逾期不归者，一律给予严惩，决不赦免。老臣狐突有两个儿子追随重耳，一个叫狐毛，一个叫狐偃。对于国君的命令，狐突没有执行。怀公逮捕了狐突，说：你把儿子叫回来就放你回家。狐突答道：儿子出去做事，当父亲的一定用忠诚的道理教导他，这是自古以来传下的规矩。老臣就是这么叮嘱儿子的，让他们把名字写在石板上，呈献主人以示忠心不二，如果背叛，天地不容。臣的两个儿子在重耳那里已经很多年了，如果叫他们回来，就是唆使他们背叛。父亲教唆儿子背叛，他自己又怎么侍奉君主呢？所以臣不能服从国君您的命令。晋怀公杀了狐突。后来重耳回国做了国君，成为春秋五霸之一，狐毛和狐偃也跟着发达起来。

这是教育，也是立业，以道理为儿子的事业铺路。许多年后，晋国有位大夫叫赵武，国君晋平公问赵武：中牟是要害之地，需要一个优秀人才去治理，你看派谁去合适？赵武答：刑伯子可以。晋平公惊讶地问：他不是你的仇人吗？赵武点头承认，说：不错。但私人仇怨不能带到公事中来。晋平公看了他一会儿，又问：内库缺少一个掌管，派谁去好呢？这回赵武回答：这个职位我儿子挺合适，可以让他去。相似的还有祁奚（祁黄羊），他是平公的父亲悼公的大臣，推荐自己的儿子祁午担任中军尉。这两位父亲是以举荐的方式帮助儿子立业，不是以权谋私，而是公事公办。这说的是父亲帮助儿子，母亲也一样。晋朝的陶侃，素有大志，但家境十分贫寒。

同郡的范逵很有名望，被推举为孝廉，那天他赶路走过了头，请求在陶侃家投宿。当时接连下了好几天雪，陶侃家徒四壁，而范逵的马匹仆人却很多。正在为难，母亲湛氏对儿子说：你出去把客人留下来，我自有待客的办法。湛氏有一头漂亮长发，一直垂到地面，为了抓住结交贵人的机会，她连受之于父母的秀发都不要了，一刀剪断，做成两卷假发卖掉，换回几斛米。然后砍下几间房屋的柱子当木柴，又剁碎几个草垫，给马做饲草。到了晚上，居然凑成一桌精美的饭菜招待客人，随从也都照顾到了。范逵赞叹陶侃的才学和雄辩，同时为他的盛情款待深感不安，答应到了京城一定极力推荐。后来陶侃的官做得很大，当过刺史、大将军，封长沙郡公，比侯还高一级。当然，更经常的帮助、最一般的帮助是将家产和社会关系留给儿子。

对应父母的付出，子女一方是报恩。报恩是一种高贵的情感，是以父母的爱养育出子女的爱，是爱的回应，与精心的算计和冰冷的交换毫无关系。有人也许会说，守孝之所以为期三年，是由于子女在父母的怀中生活了三年，三年对三年，这不是一种交换吗？其实这只是一个说法，守孝不能无休止，要定一个期限，找来找去，大家认为怀抱时间最合适，于是便定为三年。说报恩不是交换，一个重要理由是，这里的交换根本无法完成，子女的生命本体是父母给的，生命怎么交换？子女的成长是父母抚育的，其中付出的物质可以计算，失去了的年华怎么计算？所以南唐国主李璟才说"子不谢父"，根本无法报答。

中国人极其看重报恩。从前有一种特殊关系，叫恩亲，就是由于恩情结成的亲人关系，不是亲人，胜似亲人。

儒家坚决反对在父母子女关系中加进利害因素。战国时期有个学者叫宋牼（kēng），前去劝阻楚王和秦王罢兵休战，孟子问他打算怎么说，回答是以利害打动他们。孟子说，这个意思不好。为什么呢？因为它会扭曲人们之间的关系，做臣子的心怀利害来侍奉君主，做儿子的心怀利害来侍奉父亲，做弟弟的心怀利害来侍奉哥哥，仁义被挤到一边，不就乱套了吗？（《孟子·告子下》）孟子一向主张"父子有亲"（《孟子·滕文公上》），认为亲爱才是父母子女关系的本质，而亲爱与利害是格格不入的。这也说明，报恩意识是亲情的自然涌现，就是李璟说的赤诚之心，反映在孝道上就是全心全意地对待父母。

3 父子一体

所谓父子一体，是说子女与父母的命运是紧紧结合在一起的，一荣俱荣，一损俱损。这种关系是孝道的再一个现实生活来源。父子一体的观念实际上是一种群体意识，父亲是一家之长，代表的是整个家庭，与他一体就是与家庭一体。

父亲的表现决定子女的前途命运。唐宣宗为父亲发丧，前往陵墓的路上突遇暴雨，大臣和嫔妃顷刻四散，纷纷找地方避雨，只有一个身材高大、满脸胡须的人扶着灵柩不肯离开。回来后宣宗专门把宰相白敏中找来，问这个人的名字。回答是令狐楚。宣宗问：他有儿子吗？回答说有，长子现任随州刺史。宣宗又问：此人可以当宰相吗？回答说：他身体不好，但令狐楚的二儿子身体健康，很有才能，曾经当过湖州刺史。宣宗立即提拔令狐楚的二儿子为考功郎中、知制诰，打算重用他。

同样的，父亲遭殃，儿子也跑不掉。东汉末年的孔融，是孔子的 24 世孙，从小知书达理，聪明过人，《三字经》说他"融四岁，能让梨"。长大后，善诗文，厕身"建安七子"，名满天下。他看不惯曹操，语言多有冒犯，被安了个罪名。当时公差到孔家抓人，孔融的两个儿子，一个 9 岁，一个 8 岁，正在院子里玩琢钉游戏。他俩一点儿都不害怕，没事似的照样玩。孔融对公差求情：罪责由我一人承担，能不能放过我的儿子？听到这话，儿子不紧不慢地插嘴道：父亲难道看见过被打翻的鸟窝下面，还能找到完好的鸟蛋吗？果不其然，没多久两个儿子也被带走了，全家死于非命。父子一体的道理，连小孩子都明白。

父亲的功过影响的不止是儿子，往往波及几代人。蜀国被灭后，不少权贵子孙流落中原，晋武帝下诏说，诸葛亮在蜀地尽心尽力，他的儿子诸葛瞻临危赴难，以死殉义，他的孙子诸葛京，应当按照才能安排官职。这样的事情不是个案，而是普遍做法。东汉和帝出巡，路过长安，追思西汉名臣萧何、曹参的功绩，下诏在他们近亲中寻访适合做后嗣的人，继承萧何、曹参的封地。东汉安帝时，邓太后摄政，颁布诏书，内容是东汉创建之初功勋卓著的二十八将所封爵位，撤销了的恢复过来，一律由其后裔继承。前一个过了将近 300 年，而且不是一个朝代，后一个过了 70 多年，时间都不算短，人们仍然照顾着功臣的后人。这方面时间最为悠久的是孔子家族，直到今天仍旧享受着尊崇。如果从西汉成帝以商汤后裔而封孔吉为殷绍嘉侯算起，到现在已经超过 2000 年；如果从北魏孝文帝以祭祀孔子而封其嫡系后代长子为崇圣侯算起，至今有 1600 多年；如果从唐玄宗追谥孔子为文宣王、同时追赠其弟子为公、侯、伯算起，也将近 1300 年。这叫封妻荫子，前人栽树后人乘凉。相反的方面是先人有罪，后代倒霉。唐玄宗时，清算武氏政权。御史大夫程行谌上奏，主张严惩武则天时代的酷吏。奏疏说：酷吏来俊臣等二十三人的罪状尤其严重，请下令禁止这些人的子孙做官；傅游艺等四人的罪状轻一些，他们的子孙可以做官，但不许在京畿地区任职。玄宗给予全部采纳。酷吏太遭人恨，以至于子孙连做官任职的资格也都被剥夺了。

正如血缘关系不可解除一样，人可以分开，生活可以分开，但父子的命运无法分开，所以子女一定要站在父母一边。三国时，魏安东司马王仪被司马昭冤杀，他的儿子王褒悲愤异常，做了隐士，发誓不与司马氏合作。朝廷三次征召，公府、州郡七次授职，王褒尽管生计艰难，但始终不为所动。司马氏的晋朝建立后，定都洛阳，位于王褒居住地的西方，他从来不面西就座，以此表示对司马氏的蔑视。这是文的，后果不算严重；要是武的，动静就大了。唐玄宗时，殿中侍御史杨汪处死张审素，把他的两个儿子流放岭南。兄弟俩逃回长安，手刃杨汪，后在河南被捕获。人们同情他们一家的遭遇，认为父亲罪不当死，儿子年龄幼小便被流放，出于孝心报杀父之仇，应该给予宽恕。玄宗说，这两个儿子的孝道值得赞扬，然而要是大家都去报私仇，还有个头吗！法律的目的在于制止凶杀，杀人者一定要受到严惩，就是孝道典范曾参杀人，也不可饶恕。但玄宗还是让了一步，按照刑律该当砍头，玄宗判决两兄弟杖刑处死，保留全尸。老百姓同情兄弟俩，凑钱收敛了尸体，安葬在洛阳北邙山。唯恐杨汪家人掘墓刨坟，假坟包做了好几个。到了唐宪宗时，又出了一件同类案子。一个叫梁悦的人为父亲报仇，杀人后前往县衙自首。这回皇帝犯了难，定梁悦死罪吧，孔子说了，与仇人不共戴天，没法跟圣人交代；赦免梁悦吧，法律说了，杀人必须偿命，没法跟刑律交代，到底听谁的？于是宪宗让群臣讨论。时任职方员外郎的文学巨子大儒韩愈出了一个主意：不作明确统一规定，今后再有这类事，案子一概上报中央，由尚书省召集有关人员商讨，酌情处置。结果宪宗现买现卖，来了个酌情处理，打了梁悦100杖，发配循州。

就是父亲做得不对，舆论也不同情持反对立场的儿子。西汉末年，王莽当权，担心汉平帝的舅家卫氏势大，禁止他们到京城，连平帝的母亲也不许来。王莽的长子王宇不满意父亲的做法，几次劝说都失败了。有人给王宇指路，说王莽迷信，相信鬼神，不妨从这上面入手，弄点儿怪异场景吓唬他，然后因势利导，引到卫氏家族的事情上来。王宇觉得这个办法不错，便指使妻兄吕宽拎着一桶狗血，半夜三更跑到父亲的住宅前，把血抹在大门上，还洒了一地。不想那天守门的小吏没有睡觉，被逮了个正着，供出王宇。王莽大怒，把儿子打入大牢，给他一包毒药，让他自己去死。不解气，又把怀了孕的儿媳妇吕焉也关进监狱，等生了孙子后再杀掉她。王莽隔绝卫氏，是他篡夺汉室江山的一个步骤，以正统思想衡量，实属不义之举，那么王宇的行为便应该受到赞扬，但没人说他好，就是史书也不为他说话。

　　总之，这种父子一体的现实关系决定了子女一定要与父母保持一致，这就是孝道为什要求子女必须无条件遵从父母意志的一个原因。

孝道的局限性

 要　义

　　用今天的眼光来衡量，孝道的局限性主要可以概括
为两点，一个是等级特征，一个是极端形式。这是由
古代的经济社会结构所决定的，所以在当时又有着合
理性。

等级性

中国古代社会是等级社会，其主流文化思想儒家学说也贯穿着等级意识，所以孝道不能不打上等级思想的烙印。孝道的等级性主要表现在两个方面。

第一个方面，就子女而言，因其所处社会地位不同，影响不同，孝道的具体要求也就不同。《孝经》就是这么做的，分别就天子、诸侯、大夫、士人、庶人专门立章，称《天子章》《诸侯章》《卿大夫章》《士章》《庶人章》，其中各有各的规定。天子或者说皇帝之孝最为广大，因为他是天下共主，所以皇帝之孝就不是仅仅对于自己的父母，而是对一切臣民的父母，为所有儿女做出表率。其中最主要的就是在全天下提倡孝道，推行孝道，实施孝道。天子之孝是以一人之孝包容天下之孝，使民众都知道应该怎样去做。诸侯比天子低一级，是一个封国的君主，诸侯之孝的基本要求是保住自己一国之主的位置，保住国家，保住国内的和谐稳定，因为这一切都是祖先传下来的，保住它们就是最大的孝。大夫比诸侯低一级，有自己的封地，大夫之孝最主要的是守好现有的地位，不要让它葬送在自己手里，从而使它得以延续下去。士人是处在贵族与庶民之间的阶层，是为天子、诸侯、大夫服务的人，士人之孝的关键是用对父母的敬爱态度来对待君主和上司，由此保住自己的俸禄和官职，使父母脸上有光，使祖先能够继续享受祭祀。庶人之孝最简单，就是利用天时地利获取产品，赡养父母。以上种种，可以归结为"安分守己"四个字，孝就是做好自己分内的事，皇帝的分内事是治理天下，诸侯是管理封国，大夫是坚持礼法，士人是恪尽职守，庶人是努力生产。

由于孝道的具体要求不同，所表现出来的礼也就不一样。就拿父母丧期来说，礼制规定是三年，从天子到庶民都要遵守，但执行起来就不是那么回事了。皇帝、诸侯可以变通，父母安葬后，便可脱下丧服，到三年期结束，这期间干什么都成，只要心中保持悼念就行了，所谓的服心丧。读书人（相当于士人）、庶人不能变通，必须不折不扣服丧三年，严格遵守一切规定。最难办的是官员（高级别者相当于大夫），他们离职服丧，从公的方面说，影响国家正常运转，从私的方面说，等于中断前程，所以丧期在他们那里屡屡出现反复。譬如，西汉建立之初，萧何创立各项制度，规定大臣必须守丧三年。到了东汉，光武帝刘秀简化国家制度，规定大臣不得告假奔丧，三年守丧期也就废弛了。北魏孝文帝认为这不符合人情，恢复守孝制度，规定除了在战场上厮杀的武将外，群臣都要服丧三年。如果工作岗位实在离不开，由皇帝下诏书进行安慰劝抚，让他留任，但也仅限于抓抓大事而已，具体事务由别人去做，而且不参加庆典性活动，留出足够的时间和空间让他哀悼亲人。

第二个方面，就父母而言，因双方在家庭中所处地位不同，作用不同，所享受的孝道待遇也就不同。关于双方的地位，有一个小故事。五代时，南唐国主李昇有一个儿子叫李景逖，李景逖的母亲种氏很受宠爱。一天李昇溜达到李景逖住处，正撞上儿子摆弄乐器。一个皇子，不读经不阅史，整天面对一堆丝竹笙管，纯属不务正业。李昇勃然大怒，劈头盖脸一顿臭骂。李昇最见不得的就是儿子玩物丧志，自此耿耿于怀，只要见着儿子，就是一顿数落。种氏没眼力见，竟然认为这说明丈夫格外器重自己的儿子，便向丈夫吹枕边风，说景逖虽然年幼，但聪明过人，有能力继承皇位。李昇顿时翻了脸，斥道：儿子有过失，父亲教训他，有你什么事？你一个女人，怎么敢过问国家大事！一道命令，找了个人家把种氏嫁了出去。

在家里，父亲是主角，母亲是配角，待遇自然不一样。《孝经》说："孝莫大于严父。"（《圣治章第九》）孝敬没有比敬爱父亲更重大的了。又说："资于事父以事母，而爱同。"（《士章第五》）以侍奉父亲的态度来事奉母亲，使她得到一样的爱。这里，爱母亲是以爱父亲为参照的。为什么把父亲放在母亲的前面？儒家六经之一《礼经》这么说："天无二日，土无二主，国无二君，家无二尊，以一治之也。"（《礼记·丧服四制》）一元统治是上天、大地、国家、家庭的通行法则，父亲就是母亲和子女的太阳、主人、君王、尊长。

表现在丧期上，父亲去世，子女须守丧三年，但母亲去世，如果父亲还活着，子女只须守丧一年。武则天觉得不公平，上书自己的丈夫唐高宗李治，请求将母亲的丧期更正为三年。此时的武则天虽然还没有接管国家政权，只是皇后，但由于高宗患有风眩症，难以视事，大量政务交由武则天处置，他得听妻子的，不仅接受了这一建议，还下诏表扬她。自此母亲与父亲在服丧期上站平了。武则天去世，李氏复位，到了唐玄宗一朝，正本清源，这件事又被提了出来，有人说都是武则天这个女人乱来，丧制没了区别。玄宗拿不定主意，让大家讨论，吵了一年多也没个结果。左散骑常侍褚无量说：母亲慈爱，恩情厚重，圣人难道不知道吗？当然知道。之所以在丧期上强调父亲与母亲的差别，是为了表明双方尊卑地位的不同，同时以此彰显中原文明，与戎狄划清界限（据说戎狄重母不重父）。玄宗终于拍板，改回原制。后来虽然有所反复，但总体上说，强调父权始终占据主流。

从以上不难看出，孝道不只是人的自然感情的流露，同时也加进了社会性要素，是一种建立在特定社会结构上的理性诉求，是一项符合社会要求的制度。

极端性

最能通俗表现孝道极端性的是二十四孝事迹。其中有些尚属正常，譬如我们引用过的子路对双亲的悼念，陆绩对母亲的牵挂，这两个故事在《二十四孝》中分别叫"为亲负米""怀桔遗（wèi）亲"。而有些则明显过分。例如"闻雷泣墓"，说的是三国时魏人王裒（póu），他的母亲害怕打雷，去世后每当雨天，王裒都要跑到母亲墓前跪拜，哭着说：裒儿在这里陪着您，母亲不要怕啊。类似的还有"卧冰求鲤"，晋人王祥的继母想吃活鲤鱼，时值三九，冰封河面，王祥解开衣服卧在冰上，冰面忽然消融，两条鲤鱼跃出。最过分的是"埋儿奉母"，汉人郭巨，家境贫寒，老母亲常常把自己的食物分给三岁的孙子吃，为了能让母亲吃饱饭，郭巨决定把儿子埋掉，墓穴挖到三尺，竟然发现了一坛金子。

之所以说这些故事反映的孝道是极端的，除了违背常情外，还由于它们为了突出一个方面而否定另一个方面。大雨天跑到野地里，三九天赤身卧在冰河上，显然是伤害身体，用今天的话说叫自虐和赌命，全然忘了"身体发肤，受之父母"的训教，是不孝的行为，即便实现了孝，满足了母亲的愿望，也是不孝，因为不孝之举在先。埋儿奉母更是这样，扼杀自己的儿子是不慈、不仁，违背了"不孝有三，无后为大"的原则。当然，我们没有必要去苛求古人，其实古人编撰《二十四孝》，未必是号召天下子女都去卧冰，都去扼杀儿子，本意是希望大家学习一种精神，把父母放在自己生活的首位加以敬爱。正因为如此，我们才说孝道在形式上存在着极端性，也就是过于强调一个方面。

这种单向思维极容易走向愚孝。所谓愚孝，就是不问缘由，不分对错，不辨是非，子女单方面绝对服从父母的意志。前面说过的晋国太子申生、秦始皇的儿子扶苏就是愚孝的牺牲品。《楚辞·七谏》唱的"申生孝而被殃"揭示的就是这层意思。这二位都见过大世面，在战场上厮杀过，属于铁骨铮铮的汉子，又手握重兵，在强敌面前从未低过头，却因为父亲的一个态度（被人挑拨的）、一句话（还是假冒的），便毅然去死，可见父亲的权威有多高。为了维护这种绝对权威，孟子甚至主张父亲不亲自出面教导儿子，实行交换教育，你的儿子我教导，我的儿子你教导。在孟子看来，这种做法可以避免伤害父子感情。父亲教导儿子，一定要给他讲解道理，然而谁也不能保证自己的所作所为完全符合圣人言论，这时候儿子就会说，你自己都做不到，凭什么非让我去做？父亲的缺点暴露了，甚至被放大了，权威性大打折扣，今后还怎么管儿子？所以最好换着来（《孟子·离娄上》）。

对于父亲权威绝对化的消极后果，不少人都看到了，战国末期的大儒荀子就是其中一位。他试图以义来限制父权，提出"从义不从父，人之大行也"（《荀子·子道》）。义，适宜，所应当做的。意思是，做应当做的而不盲从父亲，是人间的最大道理。显然，在荀子看来，义高于父权。孟子不这么看，他说："义之实，从兄是也。"（《孟子·离娄上》）义的实质，就是遵从兄长。从兄才是应当做的。这里的兄长与父亲具有同等意义，所以这句话也能够用在父亲身上。由此可以说，遵从父亲就是义，就是儿子应当做的。义与父权可以画等号。

生活本身就是这个样子。春秋末期，晋国卿大夫赵简子打算确立继承人，在长子伯鲁与幼子无恤之间犹豫不决。于是便把自己的日常训词写在两块竹简上，分别交给两个儿子，叮嘱道：好好记住！过了三年，赵简子把两个儿子叫来，询问当年竹简上的话。大儿子伯鲁一个字也说不上来，再问下去，回答是竹简已经找不到了，忘了放哪儿了。接着问小儿子，无恤一口气把竹简上的话背诵一遍，一个字都不带落的，再问下去，无恤从袖子中取出竹简，双手奉上。赵简子选择了无恤，立他为继承人。正是这个后来大号叫赵襄子的无恤，守住了赵氏基业，与魏氏、韩氏联手，三家瓜分了晋国，分别建立了赵、魏、韩三个诸侯国，发展成战国七雄中的三雄。听父亲的话不吃亏。

这种对子女单方面服从的要求，一定带来强制性，或者是父母强迫子女服从，或者是子女强制自己服从，或者是舆论和环境压制子女服从。申生遭骊姬陷害，父亲杀了他的师傅，这是强迫儿子服从。申生受冤屈却不申辩，是担心父亲会因此失去骊姬而难过，这是强制自己服从。申生可以逃亡却坐以待毙，是因为没有一个国家肯收留不孝子，这是舆论和环境的压制。逼到这个份上，他只能去死。

舆论的压制特别明显地表现在子继父业上。东汉章帝时，朝廷讨伐匈奴，连年用兵，百姓困苦不堪。校书郎杨终上书，主张停止用兵，实行休养生息。牟融、鲍昱不同意，认为打击匈奴、屯兵西域是先帝的决策，孝子不改变父亲的根本主张（"孝子无改父之道"），所以绝不能退兵。没有办法，杨终也只好搬出祖宗，说东汉的开国皇帝刘秀统一了天下，西域各国派代表前来朝拜，请求摆脱匈奴而归附汉朝，刘秀不想得罪匈奴，拒绝了他们的要求。章帝就坡下驴，决定休战。要是没有杨终的说辞，要想撤军还真得费一番周折。

这种动不动就从祖先寻求依据的思维，叫"法先王"，通俗地说就是"祖宗之法不可变"，借助今天的术语，可称之为"从父心理"。西汉元帝继位，对父亲宣帝的法令制度多有改变。太子少傅匡衡上书，劝他法先王。匡衡从周成王谈起，说周成王继位后，第一件事就是追思祖父周文王、父亲周武王成功的道理，原原本本地给予继承，继位就是继承祖先的事业。接着话锋一转，说现在不是这样，不去发扬光大先帝的功业，而是另搞一套。怎么样？效果并不好，很多制度改了后，根本执行不了，只好再恢复过来。放弃现成的道路不走，偏偏去做那些混乱的事情，实在让人痛心。希望陛下您回到汉室世代传承的事业上来，遵守先帝的制度，就像《诗经·大雅》唱的那样，"不要忘记祖先的教诲，努力修养自己的德行"。这样人心才能安稳下来。

前人没有做过的，后人便不能尝试，稳妥是够稳妥的，但事业也就永远定格了。"从父心理"导致和加强了文化、经济、政治的全面保守，从社会历史发展的角度看，这大概是孝道的最大消极面。

结 语

1 爱的统一

孝道是一种爱，贯彻着爱的统一。这种统一表现为两个方面。一个是孝道各项内容的统一，孝道内容方面的统一由其本质所达成。孝道的本质是对父母的敬爱，这种态度、情感渗透于孝道的各项内容，从赡养到祭祀，无不如此，正因为有了敬爱这个魂魄，孝道各项内容才是一个整体，孝道也才具有了人性，才能与动物相区别，才不是一系列程序。再一个是爱父母与爱自己的统一，孝道有两条线索，一条是爱父母，一条是爱自己。前者始于事奉，终于祭祀；后者始于爱身，终于善身。爱父母一定要爱自己，爱自己是为了爱父母，爱自己是爱父母的一种方式，所以这两条线索又是重合的。

2 道理的统一

古人讲孝道，不是就孝论孝，而是将其与更大的道理联系在一起，具有背景大、起点高、基点牢的特点。所谓背景大，说的是宇宙天地，孝道是天理在子女与父母关系上的反映。所谓起点高，说的是人向人的生成，孝道是人道在子女与父母关系上的体现。所谓基点牢，说的是人性善，孝道是人性在子女与父母关系上的自然流露。正因为孝道与这些大道理相贯通，它才是真正的"道"。所以孝道的意义不只限于孝本身，而是指向更广阔的世界。如果说从宇宙来讲道理，从人性来讲道理，是理论的一贯方法的话，那么在人道的平台上讲孝道，就是难能可贵的了，具有极高的理论价值和实际价值。

3 自然性与社会性的统一

从天理讲孝道，从人性讲孝道，侧重的是自然性。这里的自然性其实就是先天性，天理、人性是上天赋予人的，任何一个人，不管是什么人，只要来到人世，便具有理性和人性。从人道讲孝道，侧重的是社会性。人不是一生下来就完成了，而是一个需要通过道德修养、知识技艺学习和能力提高而逐步生成的过程，这些都是后天的，属于社会塑造。所以孝道是自然性与社会性的统一。由于孝道是一种自然理性、自然情感，子女尽孝道就是必然的；由于孝道是一种社会理性，子女尽孝道就是应该的。孝道又是必然性与应然性的统一。

孝道的意义

XIAO DAO DE YI YI

中华优秀传统文化是什么

孝道第一课

孝道的地位

孝道具有本原地位，不仅在父母子女关系上，还表现在天地、人伦、道德体系、为政实践、秩序建构以及个人定位中。正因为这种普遍的终极性，它才是"道"。

孝道是天地之本

　　本，根本，最终因素。孝道是天地的根本，用《孝经》的话说就是"夫孝，天之经也，地之义也"（《三才章第七》）。经，本义是经线，古人织布使用两种线，一是纵的方向的线，叫经线，一是横的方向的线，叫纬线，经线不动，纬线环绕经线穿插；这里指不变的规则。天经，上天的规则。义，适宜，本分。地义，大地的本分。西汉大儒董仲舒（前179—前104）这样解释地义，地气蒸腾为风，但大地不贪功，将其归于上天的命令，所以人们认为是天刮起了风，地顺从天，下遵从上，这就叫义。这句话是说，孝是天经地义，是宇宙的永恒法则。这样，孝道便上升为天道。

　　那么，本来是人的道理的孝道怎么就成了天的道理？前面我们以朱熹为主介绍过儒家的宇宙论，说人在形成的时候，天理参与其中，所以人是携带着天理来到世上的，孝道就是这样一种天理。这种认识在哲学上叫决定论、先验论。现在我们看另一种认识。北宋大儒张载（1020—1077）在他那著名的宣言式告白中这样张扬儒者的皇皇宗旨："为天地立心，为生民立命，为往圣继绝学，为万世开太平。"（《张子语录》）立心，树立精神、制定法则；立命，赋予本性、确定道路。立心对的是天地宇宙，立命对的是生民百姓，给天地宇宙订立了规矩，也就给生民百姓指明了路向。天地的法则和人类的道路是人确立的，这是能动论。按照这种认识，孝道作为天理，作为人路，出自人的意志。

上天是如何接受人的意志的？在儒家那里，天被视为有着最高灵性的主宰，而人则被视为万物中最具灵性的物种，《孝经》说："天地之性，惟人为贵。"（《圣治章第九》）天地所产生的万物中，人最为贵重，所以二者得以沟通，上天关注、接受人的呼声。三国时，魏明帝曹叡大肆建造宫室，连年征调劳役，农桑之事几乎停顿。侍中领太史令高堂隆上书劝道：民众对此已经难以承受，生出怨恨愤懑的情绪。《尚书》说：上天耳聪目明，其实是人民耳聪目明；上天显示威力，实际是人民显示威力。这是说上天的奖赏和惩罚，随民意、顺民心啊。高堂隆告诫魏明帝，人民的不满将会引起上天的共鸣，降下惩罚。说的更具体的是《尚书》中的这句话："天视自我民视，天听自我民听。"（《泰誓中》）上天所见来自民众见到的，上天所听来自民众听到的，民众的眼睛就是上天的眼睛，民众的耳朵就是上天的耳朵。所以"民之所欲，天必从之"（《尚书·泰誓上》）。民众所要求的，上天必定支持。

上天怎样支持、体现民意？西汉时，给事中衡匡上书元帝说：上天跟人间的交界之处，精气互相激荡，善恶互相推动，人间有所动时，天上可以看出迹象。太阴变化，则静的东西会动（指地震）；太阳变化，则光明会被掩盖（指日食），水灾旱灾会接踵而至。衡匡以此劝诫元帝，要他体恤民众。东汉桓帝时，宦官把持朝政。襄楷上书皇帝说：上天不会说话，以天象来显示它的好恶，进行教化。

自春夏两季以来，霜降、冰雹不断，大雨、雷电经常，这是上天对臣下作威作福以及实施严刑峻法的反应。总之上天以天象表态。这方面最生动的故事是元代关汉卿作的《窦娥冤》。民妇窦娥遭受冤屈，定为死罪，行刑前正值农历六月酷暑，窦娥不甘，放话让老天证明，如果确系冤枉，身死之后，天降三尺大雪，为其施行天葬。大夏天下雪？还是三尺厚？没人相信。然而奇迹出现了，刽子手刀落，天飞大雪，银装素裹。这出戏的改编版就叫《六月雪》。这是以极度夸张的艺术手法传达天遂人愿的观念。

由于上天跟着民心走，所以孔子说："故人者，天地之心。"（《孔子家语·卷七·礼运》）人意就是天地之心。这就是张载要为天地树立的精神、法则。就孝道而言，天地被安上了一颗孝心，孝道成为天地的根本道理。以孝道为天地立心同时也是孝道的提升，由世俗的道理成为天理，成为一种信仰，也就是当代哲学家、美学家李泽厚先生所说的"宗教性道德"。

这样，同一个孝道就有了两种解说。一种说法是，孝道肇始于人，上天的孝道由人建立。一种说法是孝道存在于天，人所遵循的孝道由上天赋予。这不是矛盾吗？不矛盾。前一种认识解决的是孝道的来源问题，它出自现实生活中子女对父母的感情。由于这种感情是第一性的，李泽厚称之为"情本体"。本体，最终的实在。孝道是这种感情的理性提升，叫"道始于情"。其实这也是孔子的思路，所谓"人情以为田"（《孔子家语·卷七·礼运》）。孔子把人情比喻为田地，把法则比喻为禾苗，法则这颗禾苗是在人情的沃土上生长出来的。法则一旦长成，感情一旦升华为孝道，就成为精神客体。后一种认识就是从这里开始的，它解决的是孝道怎样转化为个人意识的问题。孝道作为精神客体或者说道德原则是独立自存的精神，它先于任何个人的经验，就是我们每一个人在出生后成长中遇到的以书本、讲授、言谈而教育我们，以戏剧、诗歌、小说、曲艺而影响我们，以建筑、风俗、礼节而熏陶我们的东西。这种客观精神因其独立于人，可以把它叫作天理，人对它的接受可以理解为天赋理性。上述表明，两种认识揭示的是一个过程的两个阶段，前一个阶段是孔子、张载讲的"为天地立心"，后一个阶段是朱熹讲的人禀天理而生，也就是"为生民立命"。

　　为天地立心与为生民立命所树立起来的东西是同一个，孝道作为天心、天理、天地之本，同时也是生民百姓别无选择的人路。孔子诵曰"唯天为大"（《论语·泰伯》），世界上没有比上天更崇高更伟大的了。以天的名义高扬孝道，孝道获得了最广的普遍性，最高的权威性，最大的合法性，最强的执行性，人走在这样的路上，心安理得，不容置疑，义无反顾。而奖罚也就具有了超人的意味。孝子舜在地里干活，大象跑来替他拉犁，小鸟飞来帮他播种；郭巨埋儿奉母，挖出一坛金子，上面写明此金乃是上天赐予孝子郭巨，官吏不得索取，小民不得侵夺；卖身葬父的董永感动了天帝之女，下凡嫁给了孝子。凡此种种，《二十四孝》中的奖励均来自天酬。同样的，对不孝行为的惩罚在最终的意义上也出自上天，它借用人手或自然力量表达愤怒，按民间说法，大不孝是要遭雷劈的。

孝道是人伦之本

伦，辈，可以理解为等级尊卑。人伦就是以尊卑秩序确定的人际关系。古代社会的基本关系有五种，分别是父子关系、君臣关系、夫妇关系、兄弟关系、朋友关系，它们构成了整个社会关系的骨架。孟子对这五种关系的伦常有一个概括，称为五伦，即"父子有亲，君臣有义，夫妇有别，长幼有叙，朋友有信"（《孟子·滕文公上》）。是说，父子之间有亲爱，君臣之间有道义，夫妇之间有上下，长幼之间有等级，朋友之间有信用。五伦中，最重要的是前三种，可以进一步浓缩为三纲，即父为子纲，君为臣纲，夫为妻纲。说父、君、夫是纲，就是确定他们在各自关系中的主导地位。明确了这一条，社会构架才能搭建起来。

三纲中，最重要是父为子纲。《孝经》说："父子之道，天性也。君臣之义也……君亲临之，厚莫重焉。"（《圣治章第九》）意思是，父为子纲是人之天性，其中又蕴含着君为臣纲的规定，既表达着子女对父母的亲爱，又表达着子女对父母的敬畏，人伦关系中没有比这更厚重的了。父亲一身二任，既是孩子们的亲人又是他们的君主，将自然的血缘关系与社会的君臣关系集于一身。父子关系是具有社会性的自然关系。

　　这种关系高于君臣关系，因为后者仅仅是社会关系。社会关系是能够解除的，臣民完全可以选择君主，所谓弃暗投明。孟子给齐宣王讲历史，说夏朝的暴君桀倒行逆施，诸侯和民众抛弃了他，转而归附商汤，后来这一幕又在商朝末年重演，商纣王的臣民转投周武王，局面就像是水往低处流、野兽往旷野跑一样，那是相当的壮观。自然关系不同，它不可解除，任何时候任何情况下任何人，都无法割断自己与父母的关系，血缘纽带始终存在。

　　所以在儒家那里，遵从父母是第一位的。前面引述过孔子对楚国那位正直儿子的评价，认为他根本不应该出面向官府告发父亲。法家集大成者韩非（约前280—前233）对此非常不满意，他以国家（君主）至上的眼光这样评述这件事：楚国有个以正直出名的人，父亲偷了别人的羊，他便跑去报官。令尹（相国）说：杀掉这个人！因为在令尹看来，虽然他表现出对君主的足够忠心，却是对父亲的背叛，所以治他死罪。这样说来，君主的忠臣却是父亲的不孝子。鲁国有个人跟随国君打仗，上了三次战场，逃跑了三次。孔子问他其中原因，回答是家中有老父，要是战死了就没人养活他。孔子认为此人是孝子，举荐他做官。这样说来，父亲的孝子却是君主的叛臣。其结果是，令尹杀了那个正直人，楚国的君主就很难听到报告上来的不忠的事情了；孔子奖励了临阵逃脱的人，鲁国人也就更容易投降和逃跑了（《韩非子·五蠹》）。通过韩非这番话，可以看出，在孔子那里，父母与子女的关系重于君主与臣民的关系，家庭重于国家。孔子是家族主义者。孟子一样，也是家族主义者，正因为他信奉亲情高于一切，才推断如果舜的父亲犯了杀人罪，舜一定放弃国家以及天子大位，抛掉荣华富贵，背着老父逃亡，找个没人的地方静静享受天伦之乐。

父母与子女的关系也高于夫妇关系。清代乾嘉考据学者钱大昕（xīn）这样定性，父母与子女的关系属于天合，夫妇关系属于人合。用今天的话说，天合就是自然形成，是先天的，人合则是人为结成，是后天的。天合与人合孰重孰轻？答案是明摆着的。春秋时期，郑国的大权掌握在大夫祭足手中，国君郑厉公成了摆设。郑厉公愤愤不平，密谋除掉祭足，拉祭足的女婿雍纠做帮手，派他做内应。雍纠非常投入，拉自己妻子也就是祭足的女儿雍姬入伙，跟她商量行动的办法。雍姬领受任务，回娘家察看动静。见到母亲，心中一动，问父亲与丈夫哪一个更亲？母亲说：任何一个男人都可以做丈夫，而父亲只能有一个，当然是父亲更亲，丈夫怎么能跟父亲相比？雍姬顿时醒悟，便向父亲祭足报告，说雍纠准备请您喝酒，地点不安排在家里而定在郊外，这里头肯定有鬼，您老可千万别去。祭足先发制人，杀了女婿，把尸体摆池塘边。郑厉公知道大势已去，抢出雍纠的尸体，装上车子逃出郑国。他斜眼看着尸体说：谁让你跟女人商量秘密的？死了活该！雍纠确实活该，连丈夫敌不过父亲都不懂。

妻子也敌不过母亲。夫妻关系要以父母态度为转移，《礼记》规定，如果儿子有两个妾，儿子喜欢一个，父母喜欢另一个，那么儿子喜欢的这一个无论衣着还是饮食，都必须低于父母喜欢的那一个，即使父母去世后也要贯彻下去。如果儿子特别宠爱妻子，父母不待见，儿子也必须休掉她。如果儿子不爱妻子，但却中父母的意，儿子也要跟她过下去，至死不渝。东汉末年，有对小夫妻，丈夫叫焦仲卿，妻子叫刘兰芝。刘兰芝美丽多情，17 岁嫁进焦家，尊敬公婆，勤劳持家，常常忙到深夜。这么好的媳妇，婆婆偏偏看不上，非要休了她，理由是刘氏喜欢自作主张，干活效率低。焦仲卿为妻子不平，再加上小两口感情很好，不同意父母的决定。母亲大怒，指责儿子不孝，逼他立即行动。焦仲卿无奈，只好就范。刘兰芝回娘家后，父母将她另嫁别人，兰芝不从，投水而死。噩耗传来，焦仲卿肝胆欲裂，自尽身亡。人们同情这对年轻人，将两人葬在一起，从此再也没人能拆散他们了。有人把这个故事编成乐府长诗，开篇唱道："孔雀东南飞，五里一徘徊。"不忍离去，又不得不离去。

还有一个故事也是入了诗的，诗中的男女主角正是诗的作者，男的叫陆游，南宋大诗人，女的是他美丽的妻子，有个同样美丽的名字唐琬。两人是表兄妹，所谓青梅竹马，又都作得一手好诗，夫唱妇随，所谓情投意合，世人眼中天造地设的一对。正由于两人太好了，婆婆也就是唐琬的姑姑不高兴，认为儿子过于投入夫妇之乐会耽搁前程，便对媳妇严加训示。几次下来不见效果，婆婆竟然做出了一个极端决定，命两人离婚，理由是八字不合。这显然是个借口，订婚前都要看八字，那时为什么不说？母命难违，陆游只好从命。几年后陆游到沈园游玩，与唐琬不期而遇。此时唐琬已经嫁人，是他人妇了。陆游满腹酸楚化作一首词《钗头凤·红酥手》，提笔写在墙上，词中连用"错，错，错"。来年唐婉游沈园，看见了墙上题词，触动心弦，和一词《钗头凤·世情薄》，词中连用"难，难，难"。唐琬心结在胸，抑郁成疾，不久逝去。再也见不到心上人了，陆游无限惆怅，作歌《沈园怀旧》，唱道："伤心桥下春波绿，疑是惊鸿照影来。"他在微微荡漾的碧水中，看见了她的倒影，依然那样美丽，带着一丝惆怅，还有点慌乱。

不管夫妻关系多么和谐美好，只要与父母子女关系相碰撞，定然处于下风。人和怎么也战不赢天和，因为天在人之上，血浓于水。东汉开国皇帝刘秀的姐姐湖阳公主死了丈夫，想找位大臣嫁过去，相中了大司空宋弘，特别喜爱他的堂堂仪表。刘秀给姐姐牵线，叫宋弘过来谈话，让公主坐在屏风后面。刘秀直奔主题，说谚语云"贵易交，富易妻"，这话符合人情吧？启发宋弘离婚再娶。宋弘答：我听说，贫贱之知不可忘，糟糠之妻不下堂。刘秀回头对着屏风后面说：得，没戏了。贵易交，人的地位贵重了就要换朋友；富易妻，人的财富增加了就要换妻子。然而无论多么贵、多么富，也没听说过换父母的，因为根本没法换！

这个故事还告诉我们：对于皇帝的话，宋弘可以不听；要是这话是父母说的，那就另当别论了。

总之，父为子纲高于君为臣纲、夫为妻纲，父母与子女的关系是最重要的人伦关系。反映在道理上，就是孝道高于君臣关系的臣道、夫妇关系的妇道、兄弟关系的悌道、朋友关系的友道，是人伦之本。

孝道是道德之本

　　《孝经》起始就是，孔子问学生曾参："古代的圣王拥有最美好的德行，懂得最重要的治国方法，从而用它来理顺天下，使民众和睦，上下团结，你知道它是什么吗？"回答是不知道。孔子告诉他，这个德行就是孝，"夫孝，德之本也"（《开宗明义章第一》）。孝道是道德的根本。

　　古人是从本体层面理解道德的。道德最初不是一个词组，而是两个独立的词，即"道"与"德"。道，道路，天地万物所遵循的运行路向；也可以说是宇宙间最根本的道理。德通得，《礼记》这样说："德者，得也。"（《乐记》）德即得到。从哪里得到？从上天得到，从道得到。所以德表示的是人对道的获得，对根本道理的把握，同时将它转化成自己的行为，使之成为处世的普遍原则。由于"德"中含"道"，故称道德。这并不是说道德的根源在人之外。《周易》说："一阴一阳之谓道，继之者善也，成之者性也。"（《周易·系辞上传》）意思是，阴和阳的关系是上天的根本道理，继承这个道理就是善（道德），按照这个道理去做就是合于人自己的天性。朱熹注意到这一点，极力将"道"与人性统一起来，《朱子性理语类》说："德是得之于天者，讲学而得之，得自家本分底（的）

物事。"讲学，即教与学，包括讲授、阅读、讨论、思考等各环节；本分，分内。意思是，人的德行得自于上天，通过学习思考而明确，其实人得到的是自己本来已然具备了的东西。

上文说过，孝道是天地的根本道理，属于天道，现在又说道德是对天道的获得，那么结论便是，孝道是道德的根本，也就是上面引用的《孝经》的话"夫孝，德之本也"。这个意思《论语》也讲过，其中说"孝弟也者，其为仁之本与！"（《学而》）弟，悌，幼弟遵从兄长。孝父和尊兄，是仁爱的根本。这是从亲情推导仁爱。仁是孔子学说的核心，人们把他主张的道德称为仁德，足见这句话的分量。

具体说，孝道作为道德的根本，主要表现为它是其他原则、规范的前提。唐玄宗李隆基注释《孝经》，说："孝为百行之首。"百行，诸种德行。也就是民间广为流传的"百善孝为先"。

孝者知恩。春秋时，晋国执政大夫赵宣子出门，看见路边一棵枯萎的桑树下躺着一个人，这人快要饿死了。赵宣子吩咐停车，拿出吃的，收拾干净了送给那人吃。那人咽下两口食物，勉强睁开眼睛。赵宣子问：你怎么饿到这种地步？那人回答：我在外面给人当仆人，回家路上断了粮，张不开嘴跟人要吃的，也伸不出手去偷东西，结果饿成这样。赵宣子又拿出两条肉干给他。这人行礼接受了，却没有吃。赵宣子问他为何不吃，他说给老母亲带回去。赵宣子让他把肉吃了，又送他两捆干肉和100枚钱，然后驱车走了。两年后，国君晋灵公受人挑唆，密谋杀害赵宣子。他请赵宣子喝酒，事先在房中埋伏下武士。赵宣子发现气氛不对，酒喝到一半便离席返回。

晋灵公命令武士追上去杀死他。一个武士跑得特别快，追上赵宣子说：喂，您赶快上车逃走，我来断后。赵宣子问他的名字。那人说：问这干什么？我就是当年桑树下快要饿死的人。说完，返身与追兵拼杀，寡不敌众，力尽而死。赵宣子得以逃脱。

孝者持节。也是春秋时，齐国有一个名叫北郭骚的人，靠结网织鞋来奉养母亲，但仍旧常常挨饿。没有办法，便找到大夫晏子家，希望能够得到一些食物供养母亲。家中的一个仆从告诉晏子：北郭骚是齐国的贤人，他志节高尚，不向天子称臣，不与诸侯交朋友，不为了获得利益而放弃原则，也不为了躲避祸患而屈从邪恶。现在他向您乞求供养母亲的食物，是敬佩您的为人，请一定不要拒绝。晏子听了仆从的话，拿出粮食和金钱送给北郭骚，他谢绝了金钱留下了粮食。不久，晏子遭到国君猜疑，离国出走。路过北郭骚门前，下车向他道别。北郭骚洗发浴身，恭恭敬敬地出来见晏子，问他去做什么？晏子答：因为国君猜忌，逃出齐国。北郭骚作了一揖，说：您多保重吧。晏子登上马车，长叹道：我落到逃亡的下场难道不正应该吗？我也太没有见识了。便闷闷地去了。北郭骚找来他的朋友，道：我听说对奉养过自己父母的人，一定要承担他的危难。如今晏子受到猜疑，我将用自己的鲜血为他昭雪，还他清白。于是便穿戴好衣冠，让他的朋友捧着宝剑和竹匣跟在身后，来到齐王的宫室门前。北郭骚对负责通报的官员说：晏子是天下闻名的贤人，随着他的离去，齐国定然会遭受敌人侵占。既然如此，我还不如先死去。我愿意把头颅交给你，请你转呈大王，以此为晏子洗清冤屈。说罢就自杀了。北郭骚的朋友把他的头装在竹匣里交给官员，说：北郭骚为国难而死，我为朋友而死。跟着也自杀了。国君知道了这件事，极其震惊，来不及备车，跳上一辆驿车把晏子追了回来。晏子说：我落到逃亡的下场难道不正应该吗？这越发地证明我太没有见识了。

孝者守信。战国时，严仲子与韩国的相国侠累有仇，他听说聂政很勇敢，便拿出一百镒黄金为聂政母亲祝寿，想让聂政为他报仇。聂政不接受，说：我的老母亲还健在，我不敢为别人去献身！等到聂政母亲去世，严仲子又来找聂政。聂政想起当初的承诺，便毅然前往。侠累端坐府中，四周有许多侍卫，聂政一直冲上厅阶，刺死侠累。然后划破自己的面皮，挖出双目，割开肚肠而死。韩国人把聂政的尸体放在集市上以示惩罚，同时悬赏查找他的来路，但无人知晓。聂政的姐姐听说了这件事，前去认尸，哭道：这是聂政啊！他因为我还在，自毁面容，我怎么能够害怕受到连累而使弟弟的英名遭到埋没呢！于是自尽死在聂政的尸体旁边。

孝者至和。唐高宗时，狄仁杰在并州当法曹，轮到同事郑崇质下到偏远地区工作。郑崇质的母亲年纪大了，还有病。狄仁杰说：老人家这个样子，怎么能够让她承受万里离别的忧愁！便找到长史蔺仁基，请求代替郑崇质下去。蔺仁基一贯与司马李孝廉不和，这时两人不禁相对一视，说：我们自己难道不感到羞愧吗？自此两人一解仇怨，和睦相处。

总之，孝者有德。之所以如此，根本原因是，道德的本质在于为他，只有超出自我的人才能够为别人着想，去做出包括财富、身心、时间、机会乃至生命的牺牲，而孝则是迈出自我狭隘天地的第一步——一个连父母都不爱的人是不可能去爱别人的。所以《吕氏春秋》主张："看一个人只要看他如何对待自己的父母，就知道他会怎样对待别人。"又说："拥有了一种德行而使百种德行滋生，拥有了一种德行而使百种恶行消亡，所有事物中具备这一效力的，只有孝道了！"

孝道的优先地位不仅表现在诸种规范的排列上，还表现在它具有道德标准的意义上。衡量一个人的行为是否是道德的，不能仅仅看他做了什么，同时还要看这种做法是不是维护了孝道。譬如，那位以正直出名的楚国人，此人眼里不揉沙子，即便做坏事的人是生身父亲，也绝不放过。单就这个品质本身而言，孤立地看，应该说那是相当的正直了。然而孔子却说他够不上正直，为什么？因为联系孝道看，此人出卖父亲，违背人情常理，无所谓正直。由此可以说，评价一个人的道德行为，就事论事只是一个方面，更重要的是还必须以孝道为参照系。

正因为如此，《孝经》说："人之行，莫大于孝。"（《圣治章第九》）人的德行没有比孝道更大的了。曾参将其称之为"大经"，即天地人间的大法则。

孝道是为政之本

上面曾引用《孝经》起始的话，孔子问曾参是否知道古代圣王用以理顺天下的至德要道，理顺的原文是"训"，指治政。这里包含着这样一层意思，即孝道是为政之本。

中国古代理想的治国方略是德治。德治又称礼治、善政、仁政。曾经有人问孔子为什么不出来搞政治，孔子答："《书》云，'孝乎惟孝，友于兄弟，施于有政。'是亦为政，奚其为为政？"（《论语·为政》）是说，《书经》上讲了，孝敬应该孝敬的人，关爱应该关爱的人，等于为政。我早就这样做了，已经是为政了，为什么非要一定进入政界不可呢？话说得很明白，为政就是以德治国，所以孝敬的行为、关爱的行为本身就是一种政治。孔子这样比喻："为政以德，譬如北辰，居其所而众星共之。"（《论语·为政》）北辰，北极星；共，拱卫。意思是，道德作为施政主体，就像北极星一样处在中心，法治、政令等其他措施就像小星星一样环绕四周。德治的实施主要依靠各级统治者，特别强调表率的作用，也就是通过以官员为主的榜样的示范来引导民众。关于表率，孔子与鲁国执政大夫季康子之间曾有一段对话。季康子问：假如我通过杀掉那些不讲道义的家伙来端正社会风气，您认为如何？孔子答道：您治理国家，为什么一定非要用杀人的办法呢？您有心为善，百姓就会跟着做好事。执政者的言行举止就像是风，老百姓的表现就像是草，风吹过来，草一定顺着倒下去（《论语·颜渊》）。

治国须走德治的路子，而孝道则是道德的根本原则，那么把孝道作为治政之本就是顺理成章的事情。它要求统治者推行教化必须以孝道为要旨，以孝敬父母以及尊重老人为治下民众做出表率，这就是所谓的"以孝治天下"（《孝治章第八》）。主要体现在三个方面，一个是教化，一个是继承，一个是爱民。

先看教化。教化是德治的基本要求。教，教育；化，改变。也就是通过以孝道为根本的道德来教育人，影响人，转变民众的思想意识和行为习惯。《孝经》这样说："圣人因严以教敬，因亲以教爱。"（《圣治章第九》）教，教化。圣人通过人们对父亲的敬意而把他们引向敬畏，通过人们对母亲的爱意而把他们引向仁爱。这种治理方式体现的就是仁政、王道，由于走的是教化的路子，统治者不必利用苛刻的手段就能够收到功效，不必采取严厉的措施就能够达到治理，就是《孝经》说的"圣人之教，不肃而成，其政不严而治"。

再看继承。继承指的是统治者沿袭父辈、祖先乃至历史上圣王治国理政的成功模式、方法、做法，效仿他们的德行。以朝代论，这里最显著的当数两汉。除西汉开创者刘邦和东汉开创者刘秀外，其他皇帝的谥号一概带有孝字，就连亡国的西汉平帝刘衎（kàn）和东汉献帝刘协也不例外，称孝平皇帝、孝献皇帝，以此彰显子继父业的治国理念。贯彻这一理念最得力的是孝文帝刘恒和孝景帝刘启父子，他们分别是西汉的第三任、第四任皇帝。刘恒倡导简政，身体力行，在位32年，宫室、园林、车骑仪仗、服饰器具等，都没有增加。他曾想修建一个露台，让工匠算了一下，要花费一百斤黄金，便说：这项得上中等民户十家财产的总数了，我居住在先帝的宫室里，生怕给它蒙羞，修建露台干什么！他自己身穿黑色粗丝衣服，他宠爱的慎夫人，衣裙不拖到地面；使用的帷帐都不刺绣花纹，以朴素为天下人做表率。时人赞道：功劳最大的莫过于高皇帝（刘邦），德业最盛的莫过于文皇帝。他的儿子孝景帝刘启，即位后坚持简政，一如既往，保持了政策的连续性。文帝与景帝的时代被后人称为"文景之治"，是历史上少有的民富国强、风气和美的大治时期。

能否继承先人事业决定着统治者的合法性。西汉昭帝去世，大将军霍光立昌邑王刘贺为帝。不想刘贺无道，劣迹斑斑，群臣大失所望。在大臣们和太后的支持下，霍光废掉了刘贺，理由是刘贺荒淫邪僻，由此上纲为不孝，还引用《孝经》的话说，在该当处以刑罚的罪行中，没有比不孝更重大的了。其时刘贺坐上皇位没几天，他被赶下台不是政策上出了问题，而是不能以身作则。为什么行为淫邪就是不孝呢？此前霍光曾召集群臣商议，按事先布置，由大司农田延年出头唱红脸，力主废掉刘贺。他说，我大汉历代皇帝的谥号都有一个"孝"字，为的就是江山永存，使宗庙祭祀不断，照刘贺的样子，天下早晚得丢掉。在宣布废掉刘贺的时候，霍光也表示，宁可对不起刘贺本人，也不能对不起社稷（国家）。可见，说刘贺不孝，是因为他的行为威胁到了政权稳定，有可能导致江山易主。

这也启示我们，古人之所以强调孝道是为政之本，就在于它具有维护基业的效用。不仅是对天子，也是对其他阶层。前面谈到过天子、诸侯、大夫、士人、庶人之孝，说这种种孝可以归结为安分守己四个字。这四个字现在可做如下解释：分，名分，即子子，做儿子的要像儿子，安分就是效法先人；己，现有的一切，祖先留下的基业，守己就是守住基业。结合起来，就是不败家，不败国。

　　那么怎样才能保证不败家、不败国呢？这就要谈到以孝治天下的第三个方面——爱民。爱民指的是统治者将孝敬父母的爱心转化为亲民意识，以父母对待子女的态度来对待治下民众。西汉景帝刘启曾下诏说：追求器物的精雕细刻，就会伤害农事；追求丝织物的锦绣多彩，就会伤害织业。农事的伤害是造成饥饿的根本原因，织业的伤害是导致寒冷的根本原因。百姓在饥寒交迫之中还能够不去为非作歹的很少。朕亲身从事农耕，皇后亲自种桑养蚕，用得到的收获作为供奉宗庙的粮食和祭服，为天下做出表率，不接受进贡，减少宫室耗费，节省徭役和赋税，就是为了让天下百姓都能够从事农耕和蚕桑，储备充足，以防灾年；就是为了强的不抢夺弱的，多的不欺凌少的，老年人可以安享天年，年幼的孤儿得以顺利长大成人。刘启的这番话很动人，爱民之心溢于言表。在古人观念中，爱民与敬天是联系在一起的，因为天意归根到底就是民意，老百姓不高兴，天就会愤怒，降灾祸以示警告、惩罚。西汉哀帝时，发生地震，民众惊恐。谏大夫鲍宣上书要求哀帝整肃朝纲，说：天人同心，君主应该把上天当作父亲来侍奉，把大地当作母亲来对待，把人民当作儿女来抚养，如果能够做到疏远小人，任用贤能，民心舒畅了，上天的愤怒自然也就化解了。

有投入就有回报，爱民换来的是报恩。就是孔子说的"孝慈则忠"（《论语·为政》）。以仁慈之心对待民众，他们就会效忠。唐太宗时，一个叫马周的官员上书论政，谈到历史教训，说汉朝能够延续400年，其中的原因就在于"良以恩结人心，人不能忘故也"，而汉朝之后的王朝，时间长的60年，短的只有20多年，原因是"皆无恩于人，本根不固故也"。意思是汉朝能够做到以恩惠凝聚人心，百姓不能忘怀，而其他王朝对人民没有恩德，基础不牢固。其实，以仁政换人心在时间上并不对等，一代仁政往往能够换来几代人心。东汉末年，孙权上书向魏王曹操称臣，劝曹操顺应天命，取代汉朝，即位称帝。曹操把孙权的信给大家看，说这小子要把我放在炉火上烤啊！没有接受。司马光借题发挥，从东汉光武帝刘秀说起，经过明帝、章帝，认为他们始终坚持仁政，广施恩德。到了和帝，开始出现乱政，但刘氏政权仍然能够挺下去，原因就在于前人遗留的恩德已经深入人心，人们一直念刘氏的好。东汉历经12代皇帝，共195年，光武帝、明帝、章帝3代，合起来64年，就是说3代施恩，9代受惠，64年积累，影响131年。真是投入少、产出大。当然，这不是皇帝一个人的功劳，需要全体官吏做出努力。董仲舒就是这样强调的，为此他认定官吏的基本职责就是将君主的恩德传布给百姓，这里郡守和县令之类的地方官尤为关键。

这就触及到了德治的实质，即仁爱。德治是古代理想的治理模式，儒家学者及其政治家始终把德治与广施恩德视为一体。德治抓的是人心，治政先治心，人心摆正了，政治自然清明了，而爱民本身就是一种最好的教化，它使施爱者得到升华，使受惠者体会到仁爱，并回报以仁爱。

综上所述，将孝道用于治国理政，一能够巩固政权，二得以牵动德治，因此说孝道是为政之本。《吕氏春秋》认为："凡是管理天下，治理国家，一定要首先抓住根本而后再解决其他问题……在抓住根本这件事上，没有比致力于孝道更重要的了。"《孝经》也说："圣人的治国不必采取严厉的举措就能够获得成功，圣人的理政不必依赖苛刻的手段就能够达到治理，原因就在于从孝道这个根本出发。"（《圣治章第九》）

孝道是秩序之本

儒家主张秩序。孔子这样说过：上古时候，人类毫无秩序，与动物差不离儿。这时候伏羲通过对天地万物的观察，效法地服从天、阴顺从阳的法则，摆正君臣、父子、夫妻关系，使人过上了有秩序的生活，这才与动物区别开来（《孔子集语·卷四·六艺上》）。司马光则认为，是人就有欲望，要是没有约束就会乱来，所以圣人制定礼来治理国家。从天子到诸侯、公卿、大夫、官吏、民众，使他们尊卑有分别，大小有次序，就像网在纲上，有条不紊，如同手臂驱使手指，无不服从（《资治通鉴·卷二百二十》）。两种说法，表达的其实是一个意思，只不过孔子着眼的是历时性，司马光讲的是共时性。他们的意思是，一定要有秩序，这个秩序由礼制来确定，集中表现为尊卑有序。

司马光的说法出自《史记》第二十三卷《礼书第一》。这一卷专门谈礼讲秩序，从人的欲望揭示礼的起源以及秩序的必要性，概括出礼制的三条基本原则，即"上事天，下事地，尊先祖而隆君师"。一条原则对上，尊崇上天；一条原则对下，尊崇大地；一条原则对中间，尊崇祖先、君王、师长，简称天、地、亲、君、师。为什么要这样提倡呢？书中给出的理由是，天地是物种的根本，祖先是生命的根本，君和师是生活的根本。尊崇天地，是因为人类是天地的产物，并且依赖天地的恩惠而存活。尊崇祖先，是因为他们赋予人生命，我们现在的一切都是他们的延续。尊崇君和师，是因为他们为我们提供了生存的社会条件。春秋时，晋国发生变乱，姬称杀死国君姬光，夺得国君大位。姬称招降大夫栾成，许以上卿地位。栾成回答：我听说人在世上生存，凭借的是三个人，即父亲、老师、君主，必须始终如一地对待他们。父亲给人以生命，老师给人以教育，君主给人以衣食。没有父亲就没有生命，没有衣食就不能生活，没有教育就不知道怎么做人，所以对他们要一心一意，直到生命结束也不改变。以生命来回报给予生命的人，以服务来回报给予恩惠的人，乃是做人的根本道理。说罢，栾成力战而死。

　　尊崇天、地、亲、君、师，是秩序的根本保证。人们按照四时节令耕作，生产便有条不紊；遵循天理良心，行为便中规中矩。子女依从父母，家庭便井然有序。臣民服从君主，社会便稳固安定。学生遵从师长，思想便明确清晰。所以人一定要把自己摆在天地亲君师之下，尊天、尊地、尊父、尊君、尊师而卑己，就是孔子说的"君子有三畏，畏天命，畏大人，畏圣人之言"（《论语·季氏》）。畏，敬畏；天命，上天的命令；大人，处于上位的人，包括父母、君王、上司；圣人，师。意思是，君子对天命、大人、圣人言论始终怀着敬畏之心。如果说是否有秩序构成了人与动物的分野，那么是否具备敬畏心则是划分君子与小人的界限。接着上面那句话孔子说："小人不知天命而不畏也，狎大人，侮圣人之言。"小人不懂得天命当然也就不畏惧天命，只知道讨好大人，辱慢圣人言论。可以说，君子重秩序，小人喜混乱。

天、地、亲、君、师中，亲是核心，也就是说孝道是秩序之本。孝道对天地的意义，前文专门讲过，不赘述，这里谈君和师。

古典文献中，孝父与忠君常常同时出现。譬如，鲁国君主鲁哀公向孔子请教为政方法，孔子告诉他要理顺关系，说：父亲对儿子来说就是天，君主对臣民来说也是天。做儿子的不孝顺父亲，做臣子的不尊奉君主，就是违背天道，就是倒行逆施。儿子必须受到惩罚，臣子必须砍掉脑袋。儿子孝顺父亲、臣民遵奉君主是天道人伦，是万古不变的常礼（《孔子集语·卷六·主德》）。《论语》也说：对待父母，竭尽全力；事奉君主，奋不顾身（《学而》）。这不仅是儒家思维，道家也这么讲。庄子说，天下有两大戒律，即孝父和忠君，前者属于"命"，后者属于"义"（《庄子·人间世》）。这里的命和义跟前面说的天合与人合的意思差不多。

忠君与孝父之所以并列出现，是因为二者有着内在联系，孝子通常是忠臣。春秋时期，楚国有个叫石渚（zhǔ）的人，很受国君楚昭王的赏识，给了他一个职位。一天路上发生凶杀，案子报到石渚那里，他立刻跳上车子去追捕逃犯。追上一看，罪犯竟是自己的父亲。石渚立即掉转车头，返回城里。他来到朝堂，说：杀人凶手是我的父亲，然而运用刑罚冒犯自己的父亲，我下不了手；但这样一来就包庇了罪犯，等于徇私枉法，这又是我所不齿的。作为一个官吏，我执法不当，应该受到惩处，这是臣子必须恪守的道义。于是伏下身子，趴在刑具上，请求国君下令处死自己。楚昭王不忍心杀掉这样一个人才，为他开脱道：追捕罪犯，怎么可能每次都不失手呢？没有抓到人也不能就处死啊！行啦，你回去继续干吧。石渚不起来，说：不遵从自己的父亲，不可以叫孝子；事奉君主而违法，不可以叫忠臣。大王您赦免我，是国君的恩惠；不敢违背刑法，是臣子的操行。说罢拔剑自杀了。记述这件事的《吕氏春秋》说："石渚可以说是既忠又孝了。"（《高义》）与石渚遭遇相似的人不少。东汉灵帝时，辽西郡太守赵苞的母亲和妻子被鲜卑人劫持，押着她们攻打辽西。赵苞在阵前见到已经成为人质的母亲，悲痛号哭，说儿子罪大恶极，害了母亲，但自己现在是国家大臣，大义不能顾私恩，只能拼死一战。母亲说生死有命，我儿岂能损害忠义！于是赵苞发动攻击，全歼鲜卑，然而母亲、妻子也被鲜卑杀害。事后赵苞受到朝廷褒奖，允许他护送母亲和妻子的棺柩回乡安葬。赵苞对乡亲说：食朝廷的俸禄而逃避灾难，不是忠臣；害死母亲而保全忠义，不是孝子。我还有脸活在世上吗？吐血而亡。

明代世宗朝，出了位名臣杨继盛。杨继盛家境贫寒，少年丧母，七岁便做了放牛娃。见邻家孩子读书，羡慕不已，便央求哥哥杨继昌帮忙。哥哥说服了父亲，同意他进私塾，但不能影响放牛，就这样杨继盛开始了半工半读的生活，这年他13岁。到底聪明，又肯下功夫，18岁时居然中了秀才，有了继续读下去的资格。不久哥哥染上了瘟疫，杨继盛急忙赶回家中服侍，白天黑夜连轴转，直到兄长康复。24岁那年，杨继盛中了举人，但接下来的会试受挫，只好进国子监复读。这时矛盾出来了，哥哥觉得这么混在一处过日子太亏，竟然擅自决定分家，给了弟媳妇8石谷子和一块地，便算了事。后来杨继盛在京城找到了一个教书席位，有了收入，对哥哥说，当初答应分家，是不想连累您，现在有能力养家了，请兄长同意一起过。于是两家又合为一家。杨继盛心里始终有这个哥哥，直到临终前还牵挂着，遗言中叮嘱妻子要多让着他。这是从兄，也是尽孝。杨继盛中进士后，踏上宦途，一路升上去，做到兵部员外郎。当时朝廷与蒙古瓦剌部关系紧张，负责作战的大将军仇鸾兵败求和，答应在张家口为瓦剌开设马市。杨继盛上书反对，提出十不可五大谬，结果被关进监狱，贬官赶出京师。仇鸾失势，杨继盛官复原职，脾性不改，依然耿直好言，眼里不揉沙子，这回瞄上的还是权臣，而且比仇鸾更厉害，此人就是大名鼎鼎的奸相严嵩。杨继盛上书弹劾严嵩，列出十大罪状五大奸邪，结果又被打进监狱，受刑后处死，终年40岁。临刑吟诗曰："浩气还太虚，丹心照千古。生平未报恩，留作忠魂补。"他是带着一腔浩气化作一缕忠魂走的。穆宗即位，给杨继盛平反，赠谥号"忠愍"。做人，他是孝子；做官，是忠臣。拼死劝谏，两次入狱，最后被害，做官做到这个份儿上，很难说他忠于的只是皇帝个人，其中还包括道义、国家。

由于忠与孝的内在联系，人们常把二者放在一起说，曰孝子忠臣。东汉章帝时，选拔人才的途径出了问题，官吏越来越不称职。章帝下诏命令公卿大臣就此发表意见。大鸿胪韦彪上书说："国家以选拔贤才为首要，贤才则以孝顺的德行为首要，所以要得到忠臣，必须到出孝子的人家寻找。"

人们常常抨击和嘲笑古代的忠是愚忠，其实并不准确。古人不是一味地效忠，随谁跟谁忠，而是有原则的。一个叫季子然的人向孔子请教怎样做臣子。孔子说："所谓大臣者，以道事君，不可则止。"（《论语·先进》）道，道义。什么叫大臣（臣子中的伟大者）？就是遵循道义来事奉君主的人，假如君主无道，就辞职走人。为此可以把天地亲君师中的君换成国。

石渚、杨继盛的故事说明了什么？《孝经》有句话："故以孝事君则忠。"（《士章第五》）以事奉父母的孝心来对待君主就是忠心。又说："君子之事亲孝，故忠可移于君。"（《广扬名章第十四》）对君主的忠诚是对父母孝敬的转移。古人把这叫移孝为忠。同一个东西，在家为孝，在国为忠。为什么说忠是由孝移过去的呢？因为孝在前，忠在后；父子关系在前，君臣关系在后。人是出生在家里的，先做儿女，长成后才走上社会，做国家公民。《孝经》说："夫孝，始于事亲，中于事君，终于立身。"（《开宗明义章第一》）孝道从事奉双亲开始，经过为国家忠诚服务，终止于做人的最后成就。忠只是孝行的一个表现形式。这就告诉我们，臣子尊崇君主、民众尊崇国家是子女尊崇父母的推移和延伸，是孝道在其他关系中的运用。

尊崇师长亦如此，也是尊崇父母的延伸。这种尊崇不同于君主之忠，表现为敬。礼制规定，学生跟随老师走路，不能跑到路旁跟人说话；在路上遇到老师，要小步快走上前，站直身子拱手迎候，老师开口，学生应答，老师不开口，学生须小步速退一侧；跟老师登高，目视方向要与老师保持一致，不要随便指点，不要高声说话；老师的书和琴碍事，学生要跪下将其移开，不能从上头跨过去，等等。诸如此类的规定，就是为了突出敬，所谓师道尊严。

东汉明帝当太子时，曾跟随桓荣学习《尚书》，登上帝位后仍执学生之礼。他曾前往桓荣工作的太常府，摆好几案和手杖，请桓荣面东而坐，集合文武百官和学生数百人听他讲学，自己捧着书本听讲。有儒生向明帝提问题，他说：老师在此，哪能轮到我？桓荣病重，明帝前往探视，到街口下车，抱着书本走到病榻前，手抚桓荣，泣涕流泪，许久才离去。桓荣去世，明帝身穿丧服为他送葬。西晋初，晋武帝给太子配备了两位老师。有人上奏，说太子是君，师长是臣，不应该像一般人那样跪拜行见师礼。武帝回答：敬师是为了尊道重教，怎么能说君臣颠倒呢！坚持让太子执师礼。五代时，后周太祖郭威前往曲阜祭孔子，献上物品，正要下拜，侍臣劝道：孔子不过是诸侯的一个大夫，陛下贵为天子，怎么可以行跪拜礼！郭威答：怎么不能？孔子是百代帝王之师，岂敢不恭敬！拜过孔庙，又拜孔墓，可谓一拜再拜。师长代表道义和教化，具有神圣的意味，影响最大。中国人对老师始终抱有父母般的感情，称之为恩师，说一日为师终身为父，可谓移孝为敬。

　　到这里我们可以明白《史记》为什么说"尊先祖而隆君师"了。隆，凸显，光大。在维护秩序的三大关系中（加上天地为五大关系），尊父第一，忠君和敬师是尊父精神的发扬。尊父精神就是孝道，由此可以说，只要抓住了孝道，就不会出现大乱子，孝道是秩序之本。《论语》中的一句话说得非常透彻："其为人也孝弟，而好犯上者，鲜矣；不好犯上，而好作乱者，未之有也。"（《学而》）做人讲究孝敬父母和遵从兄长的人，却喜欢犯上，是很少见到的；不喜欢犯上的人，却喜欢作乱，还不曾有过。南北朝刘宋孝武帝时，竟陵王刘诞起兵造反，任命主簿刘琨之为中兵参军。刘琨之不接受，说：忠孝不能两全，我的老父亲还在京师建康城中，我不能当这个官。刘诞把刘琨之关了起来，十几天后又问他，还是那句话，刘诞见刘琨之铁了心，便杀了他。明初，浙江浦江县有一户人家，姓郑，几百人在一起生活，朱元璋时发生胡惟庸案，涉及面极广，把郑家也牵连进去。郑家的郑濂和郑湜（shí）争着要求坐监狱，朱元璋说，这样的孝义之家怎么会出叛逆？算了，别审了。不仅赦免了他们，还从郑家选了一批子弟入朝担任要职。孝子贤孙一定是爱秩序守规矩的良民。

孝道是角色之本

　　每一个人来到世上，都要进入一定的角色：呱呱坠地，是父母的子女；进入学堂，是老师的学生；走上职场，是老板的伙计；中举做官，是朝廷的属员；迎亲入门，是妻子的丈夫；分娩生子，是孩子的父母……总之，人的一生需要扮演许多角色。那么，人所承担的这些角色有没有一个统一于一的东西呢？换句话说，有没有一个基本前提呢？回答是有。这个一、这个前提就是社会定位，也就是最终身份认定。角色可以变，可以换，是多重的、相对的，但社会定位或最终身份认定不会更改，是唯一的、绝对的。

　　在古人那里，决定这个社会定位或最终身份认定的因素是血脉，也可以叫作祖先、家族。任何一个人，不管是至高无上的皇帝、圣人，还是卑微低贱的草民、凡人，不管是大慈大悲的善士还是穷凶极恶的坏蛋，都是也只能是血脉链条上的一个环节，是包括父母在内的祖先、家族在内的整体的一个部分，个人是没有独立性的。也就是说，看上去他是一个个体，但实质上他从来就没有真正成为过自主的个体，用今天的话说，就是没有"自我"，当然也就无所谓个人奋斗——古人也强调爱自己，这是孝道的一个基本部分，但爱自己不是目的而是手段，最终要落在爱父母上面，是爱父母的一个表现形式、一个证明——个人的一切，从小到大，从生到死，从家庭到社会，从公共生活到个人私事，都与血脉关系相联系，都是围绕祖先和家族的需要展开的，都必须对血脉、祖先和家族这个群体负责，也就是说都贯穿着孝道。孝道决定个人的存在意义，决定个人的人生价值，人所承担的各种角色都必须由孝道来说明。

下面我们分别从家庭和社会这两个领域看一下个人角色是怎样以孝道为根据的。

先看家庭领域。结婚生子是最具私人性质的事情，然而却不由当事者拿主意，最终取决于血脉延续的需要和家族的意志。关于婚姻，也就是丈夫角色的安排必须听父母的，在《孝道是人伦之本》一节中已经说过了，不再赘述，这里只谈生育。众所周知，中国古代实行多妻制，儒家经典《礼记》中就有妻妾之礼的规定，说明早在春秋时期，多妻制已经成为一种普遍制度。为什么盛行多妻制？根本目的就是为了加大血脉延续的保险系数，这也从一个侧面反映了婚姻传宗接代的功用，表明个人不过是血脉延续的一个执行者，传宗接代的一个工具——这并不是说娶妻纳妾没有性满足的成分，而是说生育始终是第一位的，这是硬道理，性的因素即便是驱动力，也拿不到台面上——所以，个人作为妻妾的丈夫、作为子女的父亲，首先是祖先、父母的子孙，他的根本职责不是对本人、妻妾、子女以及自己的小家庭负责，而是对家族的生生不息、后继有人的大事负责。

于是，不生儿子便成了妻子不可宽恕的罪状。古代有"七出"之说（《孔子家语·卷六·本命解》）。七，七宗罪，即不顺公婆、不生男孩、淫荡、嫉妒、恶习、多嘴多舌、小偷小摸；出，逐出。妻子触犯了其中任意一条，赶出家门没商量，不生儿子首先考虑。这跟夫妻感情好坏没关系，尽管过日子不能离开恩爱；跟家贫家富也没关系，尽管娶妻要花费一大笔费用。东汉有个叫许敬的人，家里很穷，妻子始终没能生儿子，而老父老母又等着抱孙子，便休了妻子再行另娶。于是，便有了妻妾成群。即使是极为刻板的家族，在这方面也网开一面。明初浙江浦江县郑氏家族，素以族规严谨、道德高尚著称，规定宗族子弟不许纳妾，但年届40岁还没有儿子，允许收一女为妾。妻妾最多的当数皇帝，譬如，清朝康熙帝玄烨，先后册立皇后3位，皇贵妃1位，贵妃3位，妃子10位，嫔5位，妻妾共22人。乾隆帝弘历，先后拥有皇后2位，皇贵妃5位，贵妃8位，妃子10位，嫔6位，妻妾共31人。玄烨和弘历是清朝最有能力的两个皇帝，娶的女人也最多（跟前朝相比已经很节制了）——生的儿子也最多，康熙有35个儿子，夭折15个；乾隆少一些，17个儿子，夭折7个，极大地保证了子孙繁茂，使大清皇位得以由爱新觉罗氏一直坐下去。

由于娶亲的目的是生子，便有了对女子的贞操要求。贞，守持正道，用在妻妾身上，就是终身保持对一个男人的忠诚，无论是身体上还是意识上都是如此，所谓的"妇人贞吉，从一而终也"（《周易·恒·象传》）。贞作为女子行为规范，属于操行范围，是性的方面的严格制约，为的就是确保妻妾所生的孩子是丈夫的骨血，确保血脉链条上的每一个环节不出现假冒。不贞是大罪，在"七出"中排在第三位，仅次于不生儿子和不顺从公婆，是应该逐出家门的。

对于女子贞操，古人看得极重，可用四个字概括：严防死守。死守，宁丢性命，不失贞操。最能反映这一观念的是北宋大儒程颢（1032—1085）那句"饿死事极小，失节事极大"的名言（《近思录·齐家之道》）。不仅丈夫活着要死守，就是丈夫去世后也要死守，为了保证这一点，要求男人不能娶寡妇。程颢说："若娶失节者以配身，是己失节也。"娶寡妇为妻的人，不仅是夺人贞操，也是伤己节操。严防，运用礼制、风俗乃至一切手段预防女子失节，主要是不给男女接触以任何机会，所谓男女有别。《礼记》规定，女子出门，必须遮住脸；走在街上，男人靠右边，女人靠左边；传递物件，女子一定不能用手，要拿竹篚（fěi）接送，要是手头没有器具，就把东西放在地上，然后再进行交接；居家过日子，内宅和外宅不能共用一口井，等等。

春秋时，伍子胥逃出楚国，投奔吴国，路上生了病，流落溧阳。一天，他在溧水边上看见一个捣丝女子，身边放着一个用来盛饭的小竹篮。伍子胥饿极了，近前讨要。女子不理，禁不住伍子胥再三恳求，便擦干净手上水渍，把竹篮里的稀饭拿出来，跪着捧给对方。伍子胥吃掉粥，叮嘱女子收好餐具，说免得让别人看见，说长道短。女子叹了口气，说：我跟母亲住了30年，始终严守贞操，从来不跟男人接触，今天这是怎么了？竟然把自己的饭捧给一个男人吃。我逾越了礼仪，德行有亏啊。请您走吧！伍子胥转身离去，刚刚走出5步，就听"扑通"一声。回头一瞧，河边已经没有了人，水面涌起一个巨大的漩涡。记述这件事的《吴越春秋》赞叹道："唉！明理守贞，坚持节操，真是女丈夫啊！"这样的事情放在今天根本无法理解，但在古代则是符合逻辑的。跪着把饭捧给男人，是妻子侍奉丈夫的礼数，一个闺中女子这样做，等于把对方当作丈夫，是绝对不能允许的，尽管身体没有接触，但思想越过了界限，也属于不贞，所以羞愧之下，女子投了河。

贞操、生子、多妻制，反复说明一个事实，即丈夫或者说父亲这个角色，妻子或者母亲这个角色，首要职责就是生儿子，确保祖先血脉在自己这里不中断，以此履行孝道。

再看社会领域。个人在社会上的角色也是由血脉上的一环来定位的。西汉第二位皇帝惠帝刘盈修筑了一条空中道路，儒臣叔孙通认为不妥，说下面原址本是为了举行西汉开国皇帝也就是刘盈的父亲刘邦衣冠出巡仪式而特别开辟的，子孙后代的脚怎么敢踏在祖宗的道路上方！刘盈吓坏了，吩咐立即拆除。叔孙通还是认为不妥，说天子的决定哪能说变就变。刘盈问那么办？叔孙通出了个主意，让再给刘邦建个庙，比原先那个更大，可以到那里去举行刘邦衣冠出巡仪式，既解决了道路问题，又通过扩建表达了孝敬，一举两得。刘盈悬着的心这才放下来。皇帝是最高统治者，即便拥有这么高的地位，也仍旧记着自己是祖先的子孙。刘盈是皇帝，但却是作为祖先子孙的皇帝。

皇帝如此，臣子就不要说了。秦始皇突然死在出巡路上，小儿子胡亥假造诏书除掉公子扶苏，坐上皇位，接着又对扶苏的心腹蒙恬下手。蒙恬曾任30万精锐大军统帅，虽然人被关押，但一道命令传出去，仍可掀起反叛，但他什么都没做，说我们蒙氏从爷爷到我这一辈，奉行忠信而为秦国建立功业已经三代，我怎么敢辱没祖先的教诲，即便是死也得坚守节义，便步扶苏的后尘自杀了。南北朝时，刘宋的竟陵王刘诞造反，参军何康之出城投奔朝廷，刘诞把何康之的母亲赤身露体地缚在城楼上，不给她饭吃，母亲呼喊着何康之的名字，几天才死。刘诞任命范义为左司马，范义的母亲、妻子和孩子都在城里。有人劝范义出逃，范义说：孩子不能抛弃他的母亲，官吏不能背叛他的主君。如果一定要像何康之那样才能活下来，我是绝不会去效法的。蒙恬和范义选择的角色虽然不同，一个做朝廷的忠臣，一个做朝廷的叛臣，但出发点一样，都是祖先父母。蒙恬和范义是臣子，但却是作为祖先子孙的臣子。

所以荣誉、名声、封赏都不是个人的事情，一定要惠及祖先，所谓光宗耀祖。魏取代东汉，曹丕当上皇帝，更改年号后，紧接着便追尊自己的祖父曹嵩为太皇帝，父亲曹操为武皇帝，庙号为太祖。唐朝时太后武则天当政，宠爱张易之、张昌宗，不光提升了他们本人的官职，还赐予他俩的母亲韦氏和臧氏以太夫人的封号。这是一般人，圣人的动静更大。孔子的父亲叫叔梁纥，金朝世宗皇帝追封他为公爵，号"齐国公"；元朝顺帝加封他为王，号"启圣王"。这个王不是诸侯王，而是周代的王，也就是天子，相当于后世的皇帝，与孔子的封号"文宣王"相对应。封赏惠及祖先是为了提醒人们不忘本，正如叔梁纥的封号"启圣"一样，圣人是由他开启的。

显然，个人在社会上的角色与在家庭中的角色一样，无一不贯穿着孝道，孝道是角色之本。在孝道的诸项意义中，这一条最重要、最突出，由此我们可以知道中国人为什么以群体为本位而忽视个体了，其根本原因就在于孝道把个人牢牢定在血脉链条上的一个环节和家族整体中的一个部分的位置上。

这也可以帮助我们进一步理解，孝道为什么是百善之首了，因为它是人的身份认定的最终因；同样的理由，也可以使我们理解，古人为什么认为不孝是罪大恶极了。《孝经》这样说："五刑之属三千，而罪莫大于不孝。"（《五刑章第十一》）五刑，墨刑、劓（yì）刑、剕（fèi）刑、宫刑、大辟刑。墨刑，刺面涂黑，用来惩罚伤人者；劓刑，割掉鼻子，用来惩罚盗贼；剕刑，砍断脚，用来惩罚强盗；宫刑，毁坏生殖器，用来惩罚通奸者；大辟刑，夺去生命，用来惩罚杀人者。意思是，应该遭受墨、劓、剕、宫、大辟这五类刑罚的罪状有3000条，所有这些罪行都没有比不孝之罪更严重的了。南北朝时，北周国主捉住莫多娄敬显，罗列罪状，说他有三条死罪：从晋阳跑到邺城，带着妾一起走而抛弃老母，为不孝；表面替齐国效力，实际上从内部向我周国递送情报，为不忠；向我周国表示诚意后，却摇摆不定，为不信。如此用心，不死还等什么！便杀掉了他。不孝是死罪，而且无可饶恕。

正是在这里，我们看到了中西文化差别的一个根源。中国人是以家庭一员的身份而存在的，而在西方，这个存在是个人自己。中国人是对家庭负责，崇敬的是祖先、父母；西方人是对自己负责，崇敬的是上帝——正如《圣经》所主张的那样，人本质上是上帝的儿女，爱上帝要超过爱父母。祖先护佑的是家族及其子孙，上帝护佑的是社会以及大众，所以中国优先的是家族，西方优先的是社会。这也就是为什么中国人重私德轻公德，西方人重公德轻私德的原因。不是说古人对社会缺乏责任感，而是说他们是通过对家庭负责而实现对社会负责。后面我们提到的晋商曹氏就是这样，他们破产还债，从而履行对社会的信义，出发点是维护家族和祖先的荣誉。

孝道的功用

孝道的作用是全方位的，从个人到家庭、社会，从物质领域到文化、风尚的精神领域，孝道都发挥着决定性影响。正因为这种普遍的决定性，它才是"道"。

个 人

　　孝道作为一种道德，是不考虑个人利益的，子女尽孝出于自然真情，并非为了得到什么好处。然而正如老子所说："天道无亲，恒与善人。"（《老子·第七十九章》）天道对谁都不偏爱，但永远帮助有德之人。所谓好人自有好报。孝道可以转化为一种生存力量。

　　我们来比较两个人，一个叫吴起，一个叫赵无恤（赵襄子），都是战国时期风云人物。吴起曾经在曾参门下做弟子，母亲死了也不回去治丧，气得曾参跟他断绝了关系。吴起是一个为了功名什么都不顾的人，齐国攻打鲁国，他正好在鲁国做官，为了抓住这个千载难逢的机会，竟然亲手杀死妻子，只因为她是齐国人。鲁国见吴起如此忠心，就授予他梦寐以求的将军一职，他大破齐军，证实了自己的才能。后来他又跑到国力更强大的魏国寻求发展机会，被任用为大将，率军进击秦国，连克五城，一时名声大振。对于吴起的崛起，魏国相国公叔深感威胁。公叔的一个仆人说：除掉吴起容易得很，他为人刚劲，喜欢表现，可以充分利用这一点。您不妨去见国君，说吴起是个少有的人才，但心气儿很高，恐怕没有久留之意，然后您建议国君试着把女儿嫁给吴起，要是他三心二意，一定会辞谢的。国君同意了您的建议后，您就拉着吴起回您家，您的夫人是国君的女儿，也是公主，事先安排好，让她跟您发脾气，肆意羞辱您。这肯定会给吴起造成恶劣印象，就凭他那个脾气，绝不会容忍这样的女人，等到国君提起嫁女儿的事，他一定不会接受。公叔按照这条计策去做，吴起果然谢绝了国君的提议，从而引起了猜忌，不再也不敢信任他。吴起担心被害，投奔楚国，后来得罪了贵族们，被乱箭射死。

赵无恤前面提到过，是个遵从父命的孝子。他被确立为接班人还有一个原因，就是有忍性。赵无恤是妾生的庶子，对于赵简子相中他，家臣董阏于很是想不通，问主君为什么立一个出身卑贱的儿子为继承人？赵简子答：很简单，因为无恤这个孩子将来能够为家族忍辱负重。赵简子死后，无恤继承了卿大夫位。一天他跟智瑶一块儿喝酒，智瑶在晋国卿大夫中实力最强，野心也最大，他早就瞧着无恤不顺眼了，想找个茬子灭掉赵氏。酒喝到一半，智瑶挥手对着无恤的脑袋就是一巴掌。无恤大怒，手按住了剑柄，用力之大，指头都发白了。慢慢地他的手离开了剑柄，拿起酒杯，笑着说：智大夫喝多了。然后起身上厕所，家臣们围上来，个个义愤填膺，要冲进去杀掉智瑶。无恤脸一沉，说：先君之所以立我为继承人，就是看中我能为了大业而忍受个人屈辱，现在不过挨了一巴掌，这算得了什么？但他的忍让是有底线的，这就是不能侵犯祖先留下来的基业，所以当智瑶索要土地时，他断然拒绝了，即使被大军围困孤城三年也不屈从。正是凭着这种坚韧，赵无恤拖垮了不可一世的智瑶，瓜分了他的土地，将祖先的基业发展成一个强大的诸侯国——

赵国。赵国以及相关的韩国、魏国的出现是华夏历史上一个标志性事件，被后世学者认为是春秋时期的结束和战国时期的开始。

这两个人，一个是不孝子，一个是孝子；一个刚愎自用，一个坚韧不拔；一个生存能力脆弱，一个生存能力顽强。不是说不孝子的脾性一定不适于生存，孝子的脾性一定适于生存，而是说事情往往如此。这是因为，孝子时时事事顾及父母，所以行动格外小心，同时还会把顺从父母所养成的意识和习性用于自己的社会生活，能够做到顺应潮流；而不孝子就不同了，亲人在他心中根本没有地位，无牵无挂的人最容易为所欲为，而这迟早会带来祸患。《孝经》说："故以孝事君则忠，以敬事长则顺。忠顺不失，以事其上，然后能保其禄位，而守其祭祀。"（《士章第五》）意思是，把对父母的孝敬用于事奉君主，就能够做到忠诚；把对父母的尊重用于事奉长者，就能够做到顺从。只有以忠诚和顺从对待处于上位的人，才能够保持住自己的收入和地位，从而守住祭祀祖先的条件。

顺从作为一种生存能力具有怎样的意义？老子这样说："人之生也柔弱，其死也坚强；草木之生也柔脆，其死也枯槁。故坚强者死之徒，柔弱者生之徒……强大处下，柔弱处上。"（《老子·第七十六章》）意思是，人活着的时候，身体是柔软的，死后就会直挺僵硬。草木生长的时候是柔韧的，死后就会干枯僵硬。所以说，坚硬刚强属于死亡一类，柔软绵韧属于生命一类……凡是强盛的就处于下降趋势，凡是柔弱的就处于上升趋势。这是从现在和未来两个向度看问题。在状态上，生命呈现为柔性，死亡呈现为刚性。在前景上，柔顺的事物充满生机，走的是上升道路，朝壮大的方向发展；而刚强的事物则相反，衰微败落，走的是下坡路，一天不如一天，最后灭亡。

孝作为生存力量还表现在人们对孝子的同情和优待上，就是两军对垒，也时常放过孝子。十六国时，东晋幽州刺史辟闾浑抵挡不住南燕的围攻，弃城逃跑，打算投降北魏。南燕国主慕容德派兵追赶，杀死了他。辟闾浑的儿子辟闾道秀面见慕容德，请求一死，以陪伴父亲。慕容德叹息着说：父亲虽然不忠，而儿子却能尽孝。于是特别赦免了辟闾道秀。南北朝刘宋顺帝时，沈攸之起兵讨伐萧道成，围攻郢城。沈攸之命令范云给城中守将送信，还带去一头小牛和30条鱼，但牛和鱼统统砍去了脑袋。城中人大怒，欲杀范云。范云说：我的老母亲和小弟弟，都扣在沈攸之手里，要是我不照着他说的做，亲人便活不成。现在他们没事了，我死了也值得。守军没有再为难范云，放他出城。

孝敬不仅是护身符，还是通行证。春秋时期，晋国与楚国作战，俘虏了不少楚人。国君晋景公发现一个叫钟仪的俘虏挺特别，便叫过问话。先问他祖上官职，回答是乐官。又问他是否会乐器。回答说，我祖祖辈辈都是干这个的，我不敢再从事别的职业。景公命令钟仪弹琴，他弹奏的都是楚国的乐曲。随后景公问他楚国君主楚共王的情况，他说这样的事不是自己可以知道的。景公一再追问，钟仪才说，共王当太子时，上午由婴齐授课，下午则换成子侧，就知道这么多。景公把谈话的内容说给大夫范文子听。范文子说，钟仪真是君子呀！他把自己的职业与祖上官职相联系，说明他不忘本；弹奏的曲子是楚国音乐，说明他不忘旧；谈到他的君主，讲的是陈年往事，与大局无关，说明他不忘国，这样的人是可以委以重任的。于是晋景公给钟仪备了一份厚礼，送他回楚国去办理两国和解的事情。

就是敌人也信任孝子，放手用他，就不要说自己人了。舜就是因为孝敬，才被身为天子的尧看中，把两个女儿嫁给他。尧老了的时候，想物色一个人接替自己。大臣们推荐舜，尧便给了他一个职位，考察一下。尧让他利用这个职务教化民众，内容是五种美德，其中一项就是子孝，不用说，他非常成功，大家都被感化了。再加上其他考验，历时 3 年，尧认同了舜，将天子大位让给了他。古代有一种用人制度，叫"举孝廉"。孝，孝子；廉，廉吏。它起源于西汉，武帝即位第一年，便下诏命令各郡和各藩国举荐孝子与廉吏各一名，后来举孝廉便固定为朝廷选拔人才的一项常规制度，成为人们获得官职的一条正途。这一举措表明了古人的价值取向，人才首先必须是孝子。正如东汉顺帝时的太史令、科学家张衡在奏书中说的那样，自从实行举孝廉以来，人们都是优先修养孝行，具备了这一品质后，如有余力，才开始学习法令条文。

孝道虽然是对人的道德要求，但付出必有回报，凡此种种，就算是上天对孝子的褒奖吧。

家 庭

古代的家有两个层面，一个是宗族，一个是家庭。宗族其实是氏族。所谓氏族，就是由具有血亲关系的人组成的群体，是原始的大家庭。现在我们常说的 500 年前是一家，指的就是它。这种"家"尊奉同一个祖先，后代使用同一个姓氏。氏族是最初的社会组织，它先于国家。通过战争或者合并，一些强大的氏族征服了其他氏族，建立起国家，胜利的氏族就成为统治集团，在这里，国就是这个氏族的国，家与国是一回事。譬如周朝，宗族姓姬，推翻商朝取得政权后，将其子弟封往四方，建立诸侯国，形成以天子为中心、诸侯国环卫四周的政体，所谓天下一家。家庭比宗族小，是其中的小单位，作为独立的社会组织，最后成形于春秋时期和战国时期。由于金属工具和耕牛的推广，一家一户的农耕经营逐渐发展起来，家庭这才成为基本的生产和消费单位，在广大的社会范围内逐渐取代宗族的地位，成为社会的基础。

古人非常重视家，孟子说："国之本在家。"（《孟子·离娄上》）本，主干、根基。家是国的根本。《周易》也说："正家而天下定矣。"（《家人·象传》）家里关系理顺了，天下也就安定了。这里的家既指宗族也指家庭，古人提到家，往往二者兼之。家的重要性不仅表现在它是国的根本，还表现在它是个人的归宿。家，一头连着国，一头连着个人，所以儒家提出修身、齐家、治国、平天下。

齐，齐整。𪠲这是齐的篆体字，麦穗形象，上面的一颗颗麦粒排列整齐，井然有序。齐家就是整治家庭，使全体成员都处在自己的位置上，既不缺位也不越位。

中国古代家庭实行父权家长制。家中的一切，无论是财产还是人，不仅子女也包括妻子，都属于家长。他是家庭的统治者、管理者，也是经济活动的指挥者，所有的收益都归他统一分配，没有他的允许，任何人都无权做主，即使自己的婚姻和职业亦如此。家长对子女拥有绝对的权力，可以行使家法，也可以决定送交官府。总之家长至高无上。北宋初年有对父子，父亲叫王祐，官至防御使，儿子叫王溥，官比父亲还大，任当朝宰相。官员上门进见宰相，本来没他什么事的王祐却以一家之主的身份大模大样地坐在主位上，招呼客人就座，而主角王溥只能站在一边侍候。招待来客吃饭，王祐命儿子敬酒，慌得客人赶忙站起，离席向宰相告罪。王祐却摆摆手，满不在乎地说：这是小犬，诸位无须起身，安心享用就是。谁能安心？这才叫如坐针毡呢。儿子地位再高、官做得再大，在父亲面前也是小犬。

在家的问题上，有两点最重要，一点是保家，一点是睦家。

先看保家，也就是家庭安全。家庭安危系于家长。南北朝时，宋国的颜竣因为拥立孝武帝有功，位高权重，不可一世。他的父亲光禄大夫颜延之很是担心，也许是为了影响儿子吧，他一点光也不沾，人住茅草屋，身穿粗布衣，乘老牛破车。颜延之用心良苦，颜竣却毫无觉悟，气得老人对儿子骂道：我平生最烦的就是见要人，算老子倒霉，怎么摊上你这么个要人！一次颜延之早晨去颜竣家，前来进见的人坐了一屋子，可儿子还在睡懒觉。他勃然大怒，斥道：你本来出身于粪土之中，现在升腾到云霄之上，竟骄横傲慢到如此地步，这样下去，能够长久吗！颜延之去世后，颜竣越发狂得没了边，触怒了孝武帝，给他安上个谋逆罪名，砍断双脚之后命其自杀。妻儿流放，走到半路，诏令追来，将男子全部就地沉湖溺死，颜竣一家灭了门。

家长出了问题，就会家破人亡，所以保家就是保家长。西汉文帝时的小女孩缇萦（Tí Yíng）就是一个典型。她的父亲淳于意犯了罪，她千里迢迢地从山东跟到京城长安，上书皇帝，提出以自己做官府奴婢来换取父亲改过自新的机会。文帝大受感动，不仅使淳于意得到了公正处理，还废除了肉刑。还有一个叫吉翂（fēn）的男孩，堪称男版缇萦，磨难更多。吉翂的父亲是南北朝梁武帝时的县令，遭诬陷被定为死罪。吉翂击响朝堂外的登闻鼓，乞求代父一死。武帝见他年龄幼小，怀疑是别人教他这么干的，便安排廷尉审问，威逼利诱的手段都用上了，一样不落，发现他后面确实无人指使，终于赦免了他和他的父亲。丹阳尹王志听说了这件事，准备来年举荐吉翂为孝廉。吉翂对王志说：父亲受辱，儿子代死，理当如此。您这样做不是要我拿父亲博取名声吗？还有什么比这更可耻的呢？王志只好作罢。

从这里也可以看到孝道的作用。颜竣不听老父告诫，属于不孝，害死了自己，带累全家。缇萦和吉翂舍身救父，是孝道熏陶出来的孝子，他们的行为保全了家庭，自己也不至于流离失所。

再看睦家。家和万事兴，在发达、富裕、旺盛、名声等人所追求的家庭发展目标中，和睦是第一位的。《礼记》说："父子笃，兄弟睦，夫妇和，家之肥也。"笃，真诚；肥，丰厚。父子情深，兄弟亲睦，夫妻和顺，乃是家庭的福分。

形象地说，古代家庭建立在 3 条轴线上，一条是父子关系线，一条是夫妻关系线，一条是兄弟关系线。父子关系线是纵向轴线，另两条是横向轴线，三条线搭建成一个立体，只要任何一条轴线出问题，这个立体都会坍塌。其中关键的是父子线和兄弟线，夫妻好说，因为妻子没有独立生存能力，必须始终依附丈夫，这条线一般不会动摇，所以家庭的和睦主要取决于理顺父子关系和兄弟关系。如何理顺？主要靠两种道德准则，即孝和悌。它们在《论语》中经常连用，称"孝弟"。如"其为人也孝弟，而好犯上者，鲜矣"；"孝弟也者，其为仁之本矣！"（《学而》）由此也可以看到这两种关系对家庭稳定的重要性。悌与弟通用，悌的本意是弟弟敬爱、服从哥哥，强调的是幼对长的关系。也可以将其扩展到双方，把它理解为兄弟之间的相互关爱。悌不光指男性，也包括女性在内，古人把姊妹也称为兄弟。遵循孝和悌，子女把自己摆在下位，听父亲的，弟弟把自己摆在下位，听哥哥的，做到尊卑有别，长幼有序，家庭就能够维持住。

这里最容易出问题的是兄弟，因为他们有能力自立，而之间的关系又不如子女与父母那样具有生养性质。隋朝末年，天下大乱，刘君长一家生计艰难，他的妻子撺掇跟兄弟们分家。这个女人有智慧，院子里有几棵树，树上有几窝鸟巢，她把不同巢中的雏鸟掏出来，放进一个窝里，鸟儿惊叫，又蹬又啄，乱成一团。刘君长细一琢磨，是这么回事，便分出另过。不久觉得不对劲，像落了单的孤雁，后悔不已，大骂妻子是"破家贼"，把她赶回娘家，自己搬回大家庭。其实，只要家长顶事，类似的局面是完全可以避免的。东汉时，有户人家姓缪，兄弟四人一起过日子，均已娶妻，老大叫缪彤，父母早逝，他是家长。兄弟们好说，本来就是一家人，自小相依为命，妻子们就不一样了，来自不同的家庭，经常吵架拌嘴，矛盾愈演愈烈，终于闹到分家的地步。缪彤无奈，将自己关进屋里，自打嘴巴说：缪彤，你一直修身慎行，以圣人言论整治风俗，怎么就治不了家呢！大家吓坏了，不敢再提分家的事。这就看到孝道的作用了，长兄如父，缪彤作为家长具有父亲的权威，凌驾于兄弟之上。由此可见，在维持家庭关系中，孝道的作用最大。

父权看似个人权威，实则家庭权威。缇萦和吉翂舍身救父，救的是个人，更是家庭；缪家兄弟媳妇向缪彤让步，维持的是家长，更是家庭。家庭是什么？是共同体，一个特殊的群体。所以保家、睦家就是牺牲个体以保护、维护群体。正是在这里，东西方的价值观念表现出巨大差异。西方人也看重家庭，不管在什么地方，家庭都是个人生长生活的基地，这是人类天性使然，无一例外。然而重心在哪里？中国人认为在家庭，家庭是社会的基本单位，是国家的根基。西方人认为在个人，个人才是社会的细胞和国家的基础。所以西方自古希腊起，个人就被赋予了法律的权力与义务，并且一直朝着个人权益的强化与完善而发展，天赋人权的观念深入人心。而中国则不然，儒家思想中没有个人地位，当然也找不到人权、自由等内容，有的只是诸如"克己复礼"式的对个人的抑制。重心不同，目的自然也就不同。在中国，个人以家庭为目的，没有家庭就没有个人的一切，譬如结婚，不说自己娶媳妇而说家里给娶了个媳妇，所以个人必须服从家庭，包括牺牲掉人身独立、自由乃至生命。而这在西方简直是不可理解的。不是说那边没有缤萦，有，但最终一定要落实在自己身上，这就是目的的不同，家庭为个人而存在，以个人为目的，为家庭付出是因为它服务于我。所以家庭一旦成为个人发展障碍，不是解体（离婚）就是分化（子女另组家庭），绝对没有个人委曲求全的道理，像上面刘家和缪家的事情绝不会出现。

这也告诉我们，孝道属于群体意识，是一种社会理性，其基本功能是抑个体扬群体，从而维护家庭、国家等共同体。

社　会

　　在古人那里，正如家庭最被看重的是和睦一样，对于社会，人们追求的最高价值是和谐，《孝经》叫"天下和平"（《孝治章第八》）。和，和睦；平，太平。就是孔子主张的"不患贫而患不均，不患寡而患不安。盖均无贫，和无寡，安无倾"（《论语·季氏》）。穷一点不要紧，就怕不公平；少一点不要紧，就怕不安分。只要公正，就无所谓贫穷；只要和睦，就无所谓匮乏；只要安分，就无所谓混乱。这说的是主观感受，尽管日子艰难，但由于公平，大家也就不觉得难；尽管东西不多，但由于和睦，大家也就不觉得少；这种情况下，人人安分守己，当然也就不会有人造反。在儒家看来，不公平比贫穷更可怕，心理不平衡比物质匮乏更可怕，因为这会导致动乱、革命，社会为其付出的代价是由此换来的生活富庶和物质丰富无法补偿的，所以社会和谐始终占据第一位。

　　社会和谐可以说是家庭和睦的扩展。古人习惯以家庭关系建构社会关系，譬如孔子说的孝敬应该孝敬的人，关爱应该关爱的人，就是为政，便包含了这层意思。这种建构，仅从称呼上就可以感受到。帝王被称作君父，皇后被称为国母，官员叫臣子，百姓便是子民了。这是父母子女关系在社会的运用，其要旨就是把统治者与被统治者的关系柔化为父母与子女的关系。南北朝时西魏大行台度支尚书苏绰，常说治国为政之道，应当像慈父爱护孩子一样地关爱百姓，像严师训导学生一样地教育百姓。前者讲的是态度，要有慈父之心，后者讲的是方法，走德治的路子，统治者应该既是父又是师。

这种关系能否形成，取决于统治者，因为被统治者除了在造反的时候，永远是被动的。统治者可以分出君主和官吏，君主处于最高位置，官吏执行他的意志，与民众打交道。天下能否安定太平，君主的认识和决策具有决定性意义，所以首先要做的就是端正君主对自己社会角色的认同。西汉哀帝时，两极差距急速拉大，乱象已现。谏大夫鲍宣两次上书劝谏，都是从端正认同入手。第一次说：天下，乃是上天的天下。陛下上为上天的儿子，下为黎民百姓的父母，是为上天牧养人民的人，对所有人应该一视同仁。然而今天的贫民连蔬菜都吃不上，衣衫褴褛，陛下却不给以援救，只是照顾外戚和弄臣，给他们的赏赐多到以亿万来计算，以至于连他们的仆从和宾客都把酒当作水、把肉当作豆叶来挥霍，连他们的下等家人都成了富翁。这绝非上天的本意啊！第二次说：君主应该把上天当作父亲来侍奉，把大地当作母亲来对待，把人民当作儿女来抚养。希望陛下反躬自问，罢黜斥退外戚以及身边白吃饭不干事的人，起用贤能之士。

摆正了角色的皇帝就是好皇帝，遇上这样的君父，是老百姓的福分。五代时，淮南闹饥荒，后周世宗柴荣命令把粮食借贷给百姓。有人担心小民脆弱，到时候偿还不了。柴荣说：百姓是我的子女啊，哪有子女头朝下吊在那里而父亲不为他解脱的道理呢！哪个又要求他们非得偿还借贷呢！要是摊上一个把民众当奴隶去驱使去掠夺的坏皇帝，百姓就遭殃了。且不说桀、纣、秦始皇这样的暴君，哪怕是糊涂君主，都不得了。西晋惠帝时，灾荒严重，许多人家断了粮，饿死了不少人，惠帝听到后大惑不解，问：他们为什么不吃肉粥？愚蠢的人总认为别人愚蠢，这个皇帝竟蠢到连肉比粮贵都不知道，在这种君主的统治下还怎么活？

　　官吏也需要摆正角色。他们对君主来说是子，对民众来说是父，上传下达，既要做到忠，又要做到慈。由于他们背靠君主，面对民众，便成为社会和谐的关键。中国历史上头脑最清楚的皇帝唐太宗李世民说过这样的话：为朕养护民众的人，担任要职的是都督、刺史，朕常常将他们的名字写在屏风上，无论是坐还是卧，都可以看到。一旦获悉他们在任上的善恶事迹，便一一标注在各自名字下面，以作为罢黜和调迁时的考备。他要求官吏把自己治下民众当作子女，做父母官。益州大都督窦轨上奏，声称当地獠民造反，请求朝廷发兵讨伐。唐太宗说：獠民住在深山老林里，出来做些小偷小摸的事是很正常的，根本谈不上造反。如果地方长官能够以恩德和信义给予安抚，他们自然会顺服，怎么可以轻易动用武装，把治下民众当作禽兽一般捕杀，"岂为民父母之意邪！"这样做难道是身为百姓父母的本意吗！最终也没有批准用兵。唐太宗认为县令至关重要。县是古代基本行政单位，县令是一县之长，直接与民众接触。唐太宗说："县令尤为亲民，不可不择。"县令尤其与民众接近，是亲民官，不可以不慎重选择。

　　君主只要扮演好天下慈父的角色，官吏只要扮演好父母官、亲民官的角色，统治者与被统治者的关系基本上就理顺了。然而仅仅做到这一步还不够，达不到天下太平，因为它解决的只是纵向的上下关系，也就是不同社会等级人们之间的关系，还需要解决横向的左右关系，也就是同一等级人们之间的关系。协调这种关系，也要从家庭出发，与之相对应的是兄弟关系。将兄弟之情扩展到社会，左右关系也就基本理顺了。

孔子有个学生叫司马牛，时常一个人发愁，还挺伤感。同学子夏问他这是怎么了？他说：人家都有兄弟，唯独我没有，太孤单了，太不幸了。子夏道：我曾经听说，人的生死由命运决定，人的富贵由上天安排。一个人只要朝着成为君子的目标去努力，做事谨慎认真，不出差错，为人态度恭谨，合乎礼节，那么"四海之内皆兄弟也"。说罢，子夏开导道：君子何必担忧没有兄弟呢？（《论语·颜渊》）只要为人处世得当，人们就会亲近你、信任你，把你当成兄弟看待，所以好人到处都不缺乏情投意合的兄弟，在社会上绝不会落单。这种社会兄弟，人们叫朋友。

历史上最著名的朋友是春秋时期齐国的管仲和鲍叔牙。管仲最初很穷，鲍叔牙跟他合伙做生意，分钱时他拿得多，鲍叔牙不认为他贪心，而认为他需要钱。鲍叔牙有了自己的事业，找管仲做帮手，管仲尽帮倒忙，鲍叔牙不认为他愚蠢，而认为他机会不好。管仲几次做官都遭到罢免，鲍叔牙不认为他没有能力，而认为他的条件尚不具备。管仲在战场上三番五次地逃跑，鲍叔牙不认为他胆小，而认为他有老母亲需要照顾。管仲辅佐的公子纠失败后，别的追随者以自杀来表示气节，而管仲却选择被囚禁，做最后的等待，鲍叔牙不认为他无耻，而认为他胸怀大志。后来，鲍叔牙得志，在齐桓公面前极力推荐管仲，使他当上国相，成就了齐桓公的千秋霸业，而鲍叔牙则心甘情愿地在管仲手下做事。管仲说：生我者父母，知我者鲍子也。文学作品中最著名的朋友是三国时的刘备、关羽、张飞。他们怀着救困扶危、上报国家、下安黎民的志向，结为异姓兄弟，不求同年同月同日生，但愿同年同月同日死。他们义薄云天，有难同当有乐同享，不离不弃，实践了自己的诺言。如果人们都像管鲍、刘关张那样，互相理解，互相帮衬，之间的关系能不协调吗？

　　两个协调，一个是上下，一个是左右，纵向与横向都理顺了，社会也就和谐了。在这里，社会的和谐纯粹是家庭和睦的放大，是孝悌的应用，就是说，缔结家庭和睦与打造社会和谐是同一个东西。所以孟子说："人人亲其亲，长其长，而天下平。"（《孟子·离娄上》）对内人人亲爱家人，对外人人敬爱尊长，天下就太平了。

文 化

孝道是中华传统文化的一个构成、一个精神、一个标志，同时也是一种整合性要素。

譬如建筑，按照孔子的说法，要分出堂和室，堂的台阶要比室高，这样才能表现出差别。北京四合院的格局便遵循了这一原则。四合院，顾名思义，四面都有房子，坐北朝南的房屋叫北房，跟它相对的叫南房，位于东侧的叫东厢房，它对面的是西厢房。它们四面合围，组成一座独门独院，正好供一个两代或三代家庭使用，要是人口多了，房屋不够，可以依照这个格局进行扩展，形成两进院、三进院甚至更多重院落。如果宅院南向，北房就是正房，它通常比其他房屋高大，由父母居住使用，西厢房是儿女的住处，东厢房用作饭厅。如果有仆役，则安排在西厢房外的西南角，那里有间矮小屋子，叫盈顶。正由于这种格局，当然再加上别的，四合院才渗透了人文内涵，成为体现儒家礼制、观念的一种载体。诸如此类，扩大到整个建筑领域，这些建筑也才打上了中华文化印记，成为其中的一个门类，缺了这些，房屋就是一般性建筑，就像现在的板楼、塔楼之类，虽然也是文化，但有时代性而无民族性。孝道就是这样发挥文化整合作用的，通过赋予事物以灵魂，使它具备民族特色，从而将其融合到民族文化中来。

孝道的整合作用特别突出地表现在思想文化上，这方面最大的也是历史意义最深远的成就是对佛教思想的整合。

佛教源于古代印度，是一种外来文化，与中华文化分属两个体系。对于这一区别，古人非常清楚。唐代学者韩愈说："佛者，夷狄之一法耳。"佛教是外族的一种法门。佛教的宗旨是救赎。它的创始人是一位释迦族王子，在游历中接触过病人、老人、穷人，深为他们生不如死的痛苦所震撼，决心解除人类苦难。为此他放弃王位，选择苦行，终于发现了一种使人觉悟的道理，成为第一个摆脱苦难的觉悟者。觉悟的梵文叫佛，人们便把他尊为佛，叫他释迦牟尼。释迦是族名，牟尼是明珠，象征智慧，意思是释迦族的智者。而他创造的理论也就被称为佛学，意即觉悟之学。可以这样说，佛教的救赎是通过觉悟来实现的。

怎样觉悟？我们来看看苦难是怎么来的。佛教认为，人生的本质就是苦难，它不是谁强加给人的，而是人自找的。世界万物，人最糊涂，在爱欲的驱使下，一心一意地追求世俗之物，诸如权势、名利、财富、美色、善恶、亲人、生命等，于是苦难就来了。被目标所吸引，人有而自己没有，是苦；追求之中，殚思竭虑，筋疲力尽，是苦；到手后，发现不是那么回事，又怕失去，疑神疑鬼，也是苦。这就是苦难的根子，怎样解决呢？很简单，放弃追求。你不执著于世俗之物，它也不会来纠缠你。放弃财物、名利还可以理解，难道善、道德、道理也要放弃吗？难道父母、儿女、兄弟姐妹也不要了吗？是的，无论好坏远近，必须干净、彻底、百分之百地做一个了断，就是对佛祖、觉悟也不能去刻意追求，留下一样都摆脱不了烦恼。教理上这叫灭谛，也叫涅槃、灭度、圆寂，在心灵中一切都灭亡了，还原为虚无了，而自己也就回到了清静本性，什么都没有了还会有痛苦吗？人生取向上这叫出世，在精神上与世俗人生相切割。释迦牟尼的追随者们就是这么做的，他们抛家舍业，结成团体，过集体生活，不赡养父母，不组建家庭。他们是名副其实的"出家人"。

这在古印度还无关大局，拿到中国，问题就严重了，因为中国是一个重家庭讲孝道的国家，是皇权至高无上的国家，所以当佛教进入中土后，受到了知识界、政治界的强烈抵制和排斥。理由多得很，比如浪费资源，铜钱、铜器被熔化了铸造佛像；比如不劳而获，和尚尼姑光念经不种地，但有吃有住有穿；比如聚敛钱财，置办庙产；等等。但最突出的是两条，一是拜佛不拜父，教徒心里只有佛、菩萨，没有父母；一是拜僧不拜王，教徒只认师傅，不认皇帝。

唐朝初年，太史令傅奕上书高祖李渊，对佛教进行全面清算。概括起来，大约有以下几点。第一，不忠不孝。僧人对君主与父母仅仅行合十礼，与对平常人没有区别。在后来的辩论中，傅奕连佛祖释迦牟尼也扫了进去，说他作为嫡长子而放弃王位是对父亲的背叛，作为臣子而另立一套是对君主的背叛。第二，造成国家收入流失。穿上僧衣可以不纳税，不服劳役，为投机取巧的人开了方便之门。第三，损害权威。佛教开启地狱、饿鬼、畜生三恶道，又加进阿修罗、人、天，组成六道轮回之说，以此吓唬无知小民，令其追悔罪因，以布施、斋戒来祈求未来福缘。生死寿命取决于自然，惩罚奖赏取决于君主，富贵贫贱取决于个人努力，而僧人编造谎言，把这些都归结于佛门的力量，盗窃君主的权力，贪自然造化之功。第四，贻误君主。此前有两位南北朝时期的皇帝误入歧途，一位是梁武帝，一位是北齐文襄帝，他们尊奉佛教，下场都不好。（唐宪宗时，韩愈上书反对佛教，特别强调说，梁武帝在位48年，曾三次舍身去寺院为奴，最终却遭到侯景的逼迫，饿死台城，不久国家也就灭亡了。）傅奕认为，佛教已经严重威胁到朝廷，必须下决心取缔。他还提出一个令人啼笑皆非的建议，命令和尚娶老婆、尼姑嫁人，说全国现有10万僧尼，可以增加十来万户人家，让他们生儿育女，经过10年生养，12年教育，可得精兵数十万。

　　傅奕是饱学之士，他懂佛学也懂政治，奏疏可谓字字不离要害。的确，佛教教义虽然触及到人性，抓住了生活的某种本质，却与中土国情相冲突。所以当它过于膨胀而使统治者感到威胁时，迫害便发生了，小的打击不说，大的劫难有四次，史称灭佛运动。它们依次发生在南北朝的北魏太武帝时期和北周武帝时期、唐代武宗时期、五代的后周世宗时期，简称"三武一宗"。这些磨难不断提醒佛门，佛教这棵大树要想在中土存活，必须扎下根来吸收本土营养，进行变异，以适应新的环境。于是佛教的本土化展开了。其实早在西汉晚期佛教进入中原，本土化就开始了，一直就没有停歇过，但其自觉行为则是在遭受重大挫折之后。本土化运动的一个重心就是向孝道靠拢，这最具效果，既能博得官家的好感，又能获取民间的认同。佛门的努力是从两个方面入手的，一个是在教义上，突出和增加有关孝道的内容，以拉近民众情感；一个是在修习活动上，赋予其孝道意义，以满足民众的心理需求。

在教义内容方面，最具代表性的事例就是对《盂兰盆经》进行注释、加工和推广。这部经书主要讲的是目犍连（目连）救母的故事。目犍连是佛祖的大弟子，他运用神通观察，发现去世的母亲竟然身陷饿鬼界域，饱受饥渴的折磨。他悲痛欲绝，决定拯救母亲。然而尽管他在众弟子中被誉为神通第一，却无法救出母亲，因为这一切都由因果业报管着，人力以及神力都敌不过业力。目犍连向佛祖求助，佛祖说只有一个办法，那就是在七月十五日的忏悔日，献出各种饮食来供养十方僧众，集他们的愿力来解救亡灵。按照这个办法，目犍连终于把母亲救出了苦海。不仅目犍连心里惦记着母亲，就是佛祖也去看望过世的母亲，《杂譬喻经》中就有佛祖到天界为母亲说法的故事。这样，目犍连以及佛祖便具有了孝子身份，而佛教也就有了崇尚孝道的意味。为了进一步加强佛教与孝道的联系，佛门在七月十五日（农历）这天举行盛大仪式，称盂兰盆节（会）。盂兰盆是梵语音译，意思是解救倒悬之苦——目犍连母亲遭受的折磨，那滋味就像是头朝下吊起来一样——这天僧众举行忏悔集会，信众贡献各种饮食给寺院、僧人，佛门通过这种方式为亡灵超度，帮助饿鬼觉悟，从而使他们获得解救。

在修习活动方面，佛家主张修行本身就是孝。之所以这么说是因为，修行人以帮助众生脱离人生的苦难以及轮回的苦海为目的，这样的功德不仅可以使自己得到福报，同时还惠及父母和祖先，所谓"一人得道，九祖超生"，使亲人得以转生人间或天界。这样的孝不比那种随时侍奉在父母身边的效果差。当然，由于僧人已经出家，身着僧服，如遇父母去世，不可能像俗人那样披麻戴孝，表示哀悼。但佛门仍有办法。中土有一种服丧方式，叫"心丧"，是君主对去世的亲人、学生对去世的老师经常使用的方法，他们不着丧服，在心里悼念，故称心丧。佛门将其移植过来，规定僧人的父母去世，须服心丧三年。

通过以上努力，孝道的地位在佛教中不断上升，以至于被提到首要之善的地位。北宋高僧契嵩在他的《孝论》中说："圣人的善行，以孝道为开端；行善如果不行孝道，无所谓行善。"明代高僧智旭甚至这样说："儒家把孝道看成是所有德行的根本，佛家把孝道看成是所有道理的源头。"佛教终于演变为崇尚孝道的宗教，由此它也最后融入本土文化，成为中华传统思想的一个重要来源和构成。这个过程中孝道绝不是唯一因素，但却是首要的因素。

值得一提的还有太平天国的上帝教。清朝道光年间，心怀异志的广东落第秀才洪秀全阅读了一本基督教的传道书《劝世良言》，便自行洗礼，皈依上帝，以"拜上帝会"的形式组织会众，发动起义，席卷南中国，在南京建立太平天国政权。上帝教是从基督教来的，但经过彻底改造和任意发挥。洪秀全以中国家庭模式为框架，将上帝置于父亲地位，称为天父；把耶稣摆在长子地位，称天兄；接下来的就是他自己，次子洪秀全，是天父的亲儿子，耶稣的亲弟弟。以此类推，不仅天国的诸王是上帝的儿子，所有人都是他的子女，所以大家都是兄弟姐妹。为体现这一条，天国中的人一律以"胞"相称，比方叫李秀成为秀胞，陈玉成为玉胞。当然这里也有差别，有地位的人是能子，品德高的人是肖子，庶民则是愚子，不法之徒是顽子。在对孝的运用上，无论是对宗教还是对政治，没有一个学者、一个统治者比洪秀全做得更直接、更彻底的了。有意思的是，在这个太平天国版的基督教中，传统的上天观念也得到了酣畅淋漓的体现。天王洪秀全代表太阳，东王杨秀清代表风，以下西、南、北、翼、燕、豫诸王依次对应雨、云、雷、电、霜、露，真是一个都不少。

总之，外来的异质文化要想在中国发挥影响，一定要本土化，而其中的一个要旨就是移植孝道，重视家庭和亲情。同样的，我们要想守住传统，一定要守住孝道文化与亲情文化。

风 尚

中国是一个尊老社会，自古便建立起敬老风尚，这无疑是孝道的功劳。

《孟子》有句名言："老吾老，以及人之老；幼吾幼，以及人之幼。"（《梁惠王上》）意思是，敬爱自己的长辈，由此推广到敬爱别人的长辈；爱护自己的孩子，由此推广到爱护别人的孩子。这是孔子仁恕思想的具体运用。子贡请教有关仁的问题，孔子说："己欲立而立人，己欲达而达人。"（《论语·雍也》）自己想有所作为，也要帮助别人有所作为；自己想要通达顺畅，也要帮助别人通达顺畅。反映在思维路向上，就是将心比心，由己推人，好风尚就是这样形成的。

这方面朝廷要带头。从周朝起，便有养老礼，主角是"三老"。这是一种尊称，也是一个职位，由德高望重的老人担任，他掌管教化，办公地点设在最高学府。举行养老礼时，天子亲自去最高学府拜见"三老"，聆听教诲。汉高祖刘邦虽然不读书，但深知敬老和教化的重要，将"三老"设置到基层，规定每个乡、县都要配置一名"三老"。东汉明帝时，经过王莽时代的大乱，天下初安，明帝便举行养老礼，尊李躬为国"三老"。明帝用安车把李躬接到太学讲堂，自己站在门屏处迎接，互相行礼。李躬登堂，面向东方，由品级最高的官员侍候，三公摆设几案，九卿将他脱下的鞋子放正。明帝亲自卷起衣袖切割祭肉，捧上酱汁请他享用，手执酒爵向他敬酒，先祝进餐时牙齿能嚼动饭菜，再祝吞咽时不噎食。仪式结束后，明帝赏赐全国的"三老"每人一石酒，四十斤肉。"三老"是道德和智慧的象征，皇帝也要接受他的教诲。北周武帝尊于谨为"三老"，在太学举行仪式。前面的与汉明帝给李躬的待遇一样，太师宇文护摆几案，大司马豆卢宁码鞋，武帝奉上肉食。之后，武帝跪着送上酒盂请于谨漱口，接着武帝面北而站请教治国理政的道理。于谨回答道：木材经过墨线校正才能够平直，君主听从劝谏才能够圣明。圣明的君主虚心听取劝谏就可以知道得失，由此天下才能够安定。又说：可以失去粮食失去军队，但不能失去信用；希望陛下坚守信用而不丢失。还说：有功必赏，有罪必罚，那么做好事的人就会一天天多起来，做坏事的人就会一天天少下去。最后说：言论和行为，是立身的基础，希望陛下三思以后再说话，九虑以后再行动，千万不要出现过错。天子有了过错，就像日食和月食，没有人不知道，希望陛下慎言慎行。三公九卿服侍，皇帝奉肉敬酒，恭恭敬敬聆听教诲，这样的待遇除了"三老"无人享受过。"三老"说什么不重要，重要的是让全国人民都看见，只要大家知道皇上敬老的高姿态就够了。

这种姿态是亲民的一种表示，合民心顺民意。《孝经》说："礼者，敬而已矣。故敬其父则子悦……所敬者寡，而悦者众。此之谓要道也。"（《广要道章第十二》）礼的实质就是尊敬，以礼来尊敬父亲，他的儿女一定高兴……被尊敬的对象虽然很少，但因此而高兴的人却很多，这就是为什么说孝道是治国之本的原因。商朝末年，人心转向，许多人脱离商朝归向周国，对此孟子这样说：伯夷不愿意做商纣王的臣子，跑到北海边躲起来，听说周文王兴起，便说：为什么不去归附他，传说他是一位敬老养老的人。姜太公不愿意做商纣王的臣子，跑到东海边躲起来，听说周文王兴起，便说：为什么不去归附他，传说他是一位敬老养老的人。于是伯夷和姜太公千里迢迢地前去投奔周文王。这两个人是天下"大老"，德高望重，相当于天下人的父亲，他们的归附具有天下人的父亲归顺的意味。天下人的父亲都归顺了，他们的儿女还能到哪里去呢？（《孟子·离娄上》）敬老是一种招揽，是政治。

　　由于家庭结构和社会结构，敬老本来就有广泛而深刻的基础，加上朝廷倡导，敬老风尚便牢牢树立起来。民间讲实际，在人们意识中，敬老不仅是德行，也可以获得好处。这里最著名的是张良的故事。张良刺杀秦始皇失败，跑到下邳藏起来。这天闲逛到桥头，一个老人迎面过来，到了张良跟前，脚一甩，鞋子落到桥下。老人吩咐道：小子，下去把鞋给我捡上来！张良愕然望着对方，这样的老人还真没见过，想发作，见他白发苍苍，终于忍住了，苦着脸下桥捡回鞋子，递给老人。老人把脚一伸：给我穿上！张良真想一甩手把鞋子扔下去，转念一想，反正已经听从了他的一次吩咐了，就再听一次吧。于是便双膝着地，把鞋给老人穿在脚上。老人哈哈一笑，径自去了。随后又转回来，对张良说：小孩子可以教导了，五天后天蒙蒙亮，来这里见我。像是做梦，张良膝一软，跪了下去。

五天后，张良来到桥上，老人已经等在那里了。老人板着脸训道：跟老人约定，不能迟到，懂吗？说罢起身离去，扔下话：五天后再来。第五天鸡刚叫，张良就动身了，可还是迟到了。老人很生气，吩咐他下次早点来。又一个五天后，没过半夜，张良就来到桥上。等了一会儿，老人也到了。这次老人很高兴，说就应该这个样子。接着拿出一册书送给他，说：读了这册书就可以给帝王当老师，不出十年，你就会发达。正如老人预言的那样，张良以智谋辅佐刘邦夺取了天下，成为汉朝开国大功臣，被封为留侯。反之，轻慢老人的人一定倒霉。秦末，陈胜、吴广起义，陈胜自称楚王。陈胜的岳父去投奔女婿，按礼陈胜见他时应该下拜，但陈胜只是拱拱手。老岳父很生气，骂道：自立为王，有什么了不起的？对长辈傲慢无礼，能长久吗！起身离去。不久后陈胜兵败身亡。上述两则故事表达的功利性无疑加固着老人的社会地位。

　　其极端形式便是对老人的迷信。汉高祖刘邦打算废掉太子刘盈，把他的母亲吕后急坏了，去找张良。张良让她出重金请四个人来，他们都是老人，高祖想招募这四个人，但他们就是不来，躲进了深山。只要能请动他们，太子的位子就没问题。吕后照办了。高祖病重，准备更换太子，刘盈前来服侍，身后跟着四个人，看上去个个都超过了80岁，须眉皆白，衣冠奇特。高祖问是何人，四人自报姓名。高祖大惊，说我找了诸位多年，原来你们在我儿子这里，你们为什么追随他呢？四老答，因为太子仁义孝敬，天下人没有不希望为他出力的，我们当然不甘落后。刘邦认为刘盈已成大势，便打消了更换太子的念头。

尊敬是一种鞭策，是把人抬到更高的位置上来要求，人家敬重你，你应该做得更好，所以敬老又意味着自尊。孔子有个老乡叫原壤，约好见面，原壤叉开两条腿坐在地上等孔子来。孔子到了，见到他那副德行，骂道：你小时候就傲慢无礼，不讲友爱，长大了也没有值得一说的事迹，现在这么老了还不死，真是白吃饭的贼子。说着，用手杖敲打他那放肆的小腿（《论语·宪问》）。古人重礼，即使亲人之间相对，也要坐有坐相，这种坐姿类似跪，双膝着地，臀部落在脚后跟上。臀部着地，叉开双腿，等于侮辱人，所以孔子骂原壤"老而不死"，是"贼"，还动手敲打他，这在一向和气的孔子身上实属罕见。敬与被敬，双向互动，不自尊就是对别人的不敬，当然不会受到尊敬。

敬老始终是孔子的一个社会理想。孔子曾谈到过两种社会，一种叫"小康"，一种叫"大同"，两种社会都致力于解决养老问题。不同的是，小康社会中，人们只是亲爱自己的父母，而大同社会，人们不只爱自己的双亲，也爱别人的双亲，使包括孤寡在内的所有人都老有所终。两种社会的最大区别就在于私与公，大同是"天下为公"，境界高于小康（《曲礼·礼运》）。一次，孔子与颜回、子路抒发志向。孔子宣布，自己的最大的愿望是"老者安之，朋友信之，少者怀之"（《论语·公冶长》）。老人安度晚年，朋友互相信任，少年得到关怀。孔子心仪大同社会，那是他的一个悠长的梦。

孝道是幸福的源泉

 要义

　　子女尽孝是一种幸福，得以享受天伦之乐、成人之乐、自由之乐。孝道带来的愉悦具有自然性、社会性、人性，具有真、善、美的意义。正由于这种普遍的包容性，它才是"道"。

天伦之乐

前面谈的孝道的地位和作用都跟幸福有关，譬如，有序的环境、和睦的家庭、和谐的社会，无疑是个人幸福的基本前提，深刻地影响着幸福指数，这是显而易见的，无须多说。这里主要谈子女的孝心孝行与自己幸福的关系。

有人喜欢从快乐推导幸福，这没什么不对，但不够全面。因为快乐是一种暂时的感受，而且通常是官能对外界刺激的反应。而幸福则比这大得多。它也是个人的一种主观感受，但更经常、更持久。快乐易逝，酒宴的狂欢一定伴随着人走茶凉的落寞；幸福不同，它没有情绪的大起大落，是踏踏实实的心满意足，饭菜虽然很普通，顿顿都一样，但每天的感觉都挺好，这就是幸福。当然，幸福并不与快乐相隔绝，幸福来自对快乐的体验，但这种快乐一定属于积极情感，而且具有稳定性、长期性，为了与被动刺激的、宣泄式的快感相区别，我们称其为乐趣、愉悦，它主要是精神意义上的。孝道就是这样的积极情感，子女由此获得的愉悦持久而美好，带给人幸福，提高着人们的幸福感。

说子女尽孝是一种幸福，首先是因为孝道满足天伦之乐。

天伦就是天生的人际关系，也就是前面提过的天合，它以血缘为纽带，包括父母与子女、兄弟姐妹、祖父母与孙子孙女，等等。天伦之乐就是这种关系带给人的愉悦。孟子把这种欢乐视为最大的欢乐，说君子有三乐："父母俱存，兄弟无故，一乐也。仰不愧于天，俯不怍于人，二乐也。得天下英才而教育之，三乐也。"（《孟子·尽心》）父母健在，兄弟没有祸患缠身，这是第一件乐事；为人处世堂堂正正，上对得起天，下对得起人，这是第二件乐事；得到天下的优秀人才，能够对他们进行教育，这是第三件乐事。三件乐事中，天伦之乐排第一，比儒者终身追求的通过后两件事所达成的立德、立言、立功而获得的乐趣还优先。这个排列体现的仍是天合高于人合，与家高于国、孝先于忠是完全一致的。

父母健在、兄弟平安之所以是大乐趣，除了生命的意义外，是由于它为人们得以躬行孝悌提供了机会。儒家重礼（理），认为纯粹的自然关系是禽兽关系，只有在血缘关系上建立起礼制，使其分出上下尊卑，得到规范，用现代语言说就是具有了文化内涵，这种关系才与动物区别开来，成为父子关系、兄弟关系。所以天伦也可以理解为自然加伦理，天然的底子，文化勾勒出纹理，就是文明。天伦给人以乐趣的不是天然，而主要是天然中渗透、贯穿着的礼（理），也就是孝道。

那么为什么说孝道使人享受到天伦之乐呢？还是孟子说的："万物皆备于我，反身而诚，乐莫大焉。"（《孟子·尽心上》）我生来心中就拥有贯彻天地万物的根本道理，回过头来省审，诚心诚意地把它抒发出来，便是最大的乐趣。什么是诚？古人的解释是真实。先看真。真就是不虚假、不欺诈，朱熹说："诚者，真实无妄之谓。"(《四书章句集注·中庸章句》)诚是真实无伪的称谓。孟子说的赤子之心就是这个意思(《孟子·离娄下》)。赤,红色。刚生出来的孩子,皮肤发红,叫赤子,他没有受到人间丝毫污染,一片真心。由此诚被称为真诚。再看实。实就是坚实,踏实,实心眼,《朱子性理语类》说:"诚只是一个实。"由此诚被称为实诚。

关于真实的力量,庄子有段名言:"真实乃是精诚的极致状态。不精不诚是不能打动人的。强作哭泣的人,看上去悲痛,却绝不哀伤;强作愤怒的人,看上去厉害,却绝不威严;强作亲爱的人,看上去和蔼,却绝不切近。出于真心的悲痛,即使还没有出声但已经让人心碎了;出于真心的愤怒,即使还没有发作但已经让人胆寒了;出于真心的亲近,即使还没有露出笑意但已经让人温暖了。只有心是真诚的,表现出来的神态也才能有感染力,这就是真实的可贵之处。"(《庄子·渔父》)孝道就是这样一种真实情感,它给人的愉悦在于它发自内心,自然而然,是真乐趣,一点折扣都不打。

东晋孝武帝时的名臣谢安,就是那位接到淝水大捷时以轻描淡写的一句"小孩子们大破贼兵"而令天下折服的统帅,在家里喜欢教导子侄。一个雪天,他把大家叫到一块儿,讲解诗文,不一会儿雪下大了,他借题发挥,问:白雪纷纷像什么?侄儿谢朗说可以勉强比作空中撒下盐。侄女谢道蕴说不如比作柳絮随风飘舞。谢安非常高兴。一次,谢安发表议论,说圣贤跟普通人之间的距离并不远。子侄们大摇其头,没一个同意。谢安深感失落,叹着气说:要是精通义理的郗超听到这话,一定不会认为不着边际。又一次,谢安对大家说：我家中郎（谢万，谢安的弟弟），千百年来独一无二。侄儿谢玄——淝水之战中破敌的前线主将——反驳道：中郎胸怀还欠谦虚，不能包容一切，怎么能说独一无二？两代人之间都很坦诚，直来直去，想说什么就说什么。当然有时候也要注意点方式方法。谢玄年轻时，有点柔性化，追求女形，经常佩戴香囊，衣服上还挂着手巾什么的。谢安深为担忧，又不想伤着他，便跟他赌博，把那些玩意儿赢过来，然后一把火点了。谢安的哥哥谢据曾经爬上屋顶熏老鼠，他的儿子谢朗不知道这是父亲干的，便多次拿这事当笑话讲，说是傻子做傻事。谢安闲谈中装着无意对谢朗说：世人造我二哥的谣，还说是我跟他一块儿干的，哪有此事！谢朗羞愧得一个月没出屋子。虽然不直说，但仍旧透着真诚，因为心是真的。就是庄子说的："孝子不谀其亲。"（《庄子·天地》）孝子不奉承自己的父母。反过来也一样，父母不对儿女作假。为什么？道理很简单，因为他们之间没有利害冲突。在亲人中最轻松、最和美。

别的关系就没有这种惬意了。譬如朋友，再要好也要照顾脸面，时不时地说几句违心话，因为有求于人。再如君臣，再忠诚的臣子也免不了注水，因为害怕君主的威势。唐太宗李世民是历史上少见的闻过则喜的皇帝，他的儿子安州都督吴王李恪多次在田间游猎，给居民造成很大损害，遭到侍御史柳范弹劾。李恪被罢免都督一职，削减采邑三百户。太宗迁怒辅佐李恪的长史权万纪，说：权万纪事奉我的儿子，不能匡正他的行为，应当处以死罪。柳范说：房玄龄事奉陛下，还不能阻止陛下游猎，怎么能够单单处罚权万纪！太宗大怒，拂袖而去。不久，又单独召见柳范，责备道：你怎么能当面羞辱朕！连李世民这么英明的君主都这样，别的君主可想而知了，臣子敢放开说话吗？敢随意相处吗？

孝道不掺假，容不得半点虚伪，这就意味着它具有自觉性。我们看看现代的例子。有一对母女，家在安徽农村，母亲叫赵兰，51岁；女儿叫王彦，24岁。母亲得了尿毒症，需要换肾，等不到O型血肾源，四个子女决定把自己的肾献给母亲。经过比对，二女儿王彦配型成功，母亲有救了，她非常高兴，办理了从部队退役的手续，当兵是这个农村姑娘的梦想，足以改变命运，但跟救母相比，就显得轻了。手术很成功，母女平安。也是换肾，父亲叫曹洲德，四川广安人；女儿叫曹于亚，高三学生。也是没有肾源，女儿决定把自己的肾换给父亲。父亲说什么也不同意，女儿跪在病床前说：爸，你要是走了，我们这家就垮了，你忍心丢下我们不管吗？父母只好答应下来。手术后，母亲外出打工养家，曹于亚服侍父亲，为了不耽误高考，她带着父亲上学，边上课边照顾病人。孝心感天动地，曹于亚耽误了那么多功课，居然考上了大学。这样的事情还有很多，一对给父亲换肾的22岁双胞胎女儿，姐姐吴晓红负责献血和打工挣钱，妹妹吴晓梅负责捐肾，一起拯救了父亲吴俊的生命，姐妹俩说，如果不这么做，会后悔一辈子。是的，人只有一辈子，只要是亲人，就是一辈子的事。所以他们很自觉，宁可牺牲自己也要保住父母，保住家，尽管肉体上很痛苦，但精神上很满足很充实，有什么比一家人平平安安地在一起更愉快、更幸福的呢？

下面这个故事讲的是个现代版的灰姑娘，但结局不一样。女主角叫惠惠，生身母亲姓张。父母到上海打天下，忍痛将刚出生两个

月的女儿惠惠送给安徽怀远县双桥集镇的李长崔。李家对惠惠比亲
女儿还好，虽然生活贫困，但惠惠不缺感情，快快乐乐地长大了。
后来一场车祸夺走了养母，李长崔独自带着三个孩子过日子，越过
越穷。13 年过去了，上海那边传来惊人消息，惠惠的生身父母成
了身家数亿的大富翁，他们有钱有地位，但并不愉快，心里始终为
送人的女儿所纠结。要是女儿过得好也还勉强说得过去，可是如今
她身陷穷困、落后，于是他们决定把女儿要回来，让她上贵族学校，
过公主的生活，然后移民海外。就这样生身父母来到乡下，签了一
纸协议，留下 10 万元补偿费，带走了惠惠。然而让所有人都想不
到的是，仅仅半年后，小姑娘跑回了乡下养父家。她根本无法适应
新环境，繁华的都市、奢华的生活、身为富商的父母，这一切都那
么陌生和遥远，她越来越思念养父和年幼的弟妹，还有那些在一起
疯玩的小伙伴。生身父母又一次来到乡下，劝惠惠跟他们回去。女
儿跪在他们面前说：我要留下来带弟弟，不能走，等我长大了，再
去孝敬爸妈。生母流着泪走了。灰姑娘还是灰姑娘。

　　这是个例，说明不了什么，但现象背后却有着生活的本真，这
就是子女不能没有孝道。中国有句老话，叫生不如养，是说养育之
恩大于生身之恩。就惠惠而言，对养父母的感情超过了生身父母，
孝心留在了乡下。所以她一定要回去，只有把亲情抒发出来，她才
踏实，才快乐，也才幸福。这样的愉快和幸福具有至上性、唯一性，
是金钱、地位、环境所带来的快乐无法比拟的，代替不了的。

　　上面这些故事至少可以给我们两点启示，一是生活上的，二是
哲学上的。生活上我们看到，孝心是人的最根本最经常的情感，它

无时不有，无处不在，无论贫穷还是富裕，无论灾变还是平顺，无论近在眼前还是远在天边，它都散发着无私的温暖和芬芳，使人沉浸于和谐、满足、充实的愉悦，正是在这常有的甚至不知不觉的亲情中，人们体验到了幸福。哲学上我们看到，天伦之乐是一种自然之乐，它生发于血缘关系，存在于亲人之间，是上天送给人的大礼包，所以又是必然之乐，它的本质是真，自然而然，赤诚无伪。

成人之乐

　　成人，即成为人。可以分出两个层面，一个是人格意义上的，也就是俗话说的做人，孔子称之为君子，是一种理想，终身努力的方向。一个是现实意义上的，简称成长，譬如我们常说的长大成人、事业有成、成家立业，就属于这一类。这两个方面的追求及实现所带给人的愉悦，就是成人之乐。

　　先看人格意义上的成人之乐。

　　儒家主张人性善，认为人天生就与"道"相通，或者像朱熹那样，干脆把人说成是秉理而生。然而由于天分不同，再加上环境关系，善处于潜藏状态，这时的人虽然具有人的身心，但还不能称之为人，这就需要激活善，将其引发出来，给以培育、生长、光大，沿着这条路走下去，就是人格的完善，即作为人的生成。拿什么激活善呢？爱和良知。只有爱才能唤醒爱，只有良知才能开启良知。古人把这种爱和良知叫作父慈，而回应它的则是子孝，也就是爱父母。孝是人的第一种爱，第一个良知，是善的起点，也是人迈上成人之路的第一步。

　　为什么说爱父母是迈上成人之路的第一步？两点理由。第一，它使人超出了狭隘的"我"，成为人的存在。狭隘的我只是自己的肉体，最多再加上天然欲望和脾性，这与动物没有区别。而存在就不同了，是一个世界，不只包括你自己，还包括与你相关的一切，诸如人、物质、工具、组织、思想文化等，你就是你的世界，是主观与客观的综合体。与你关联的东西越多，你的世界也就越广大，存在也就越丰富越厚重。用道德术语来表达，这种关联就是仁爱，这种超出就是公。《朱子性理语类》说："公却是仁发处。"（《卷第六》）公是仁爱发用、落脚的地方。不只儒家强调人必须超出"我"，走向公，道家和佛家也这样要求。老子主张"玄同"，也就是个人与周围混为一体。佛家主张把小我融入宇宙全体的大我，与世界同一。显然，人的存在其实就是人们常说的社会性，这种性质为人类所独具，在动物身上很难找到。不管人的存在多么丰富，多么出彩，都是从爱父母开始的，正是通过亲人，个人知道了爱，学会了爱，得以将其扩展到他人、物品和文化上面。可见，爱父母是爱和公的基石，它使人脱离动物界，获得做人的资格。

第二，作为爱父母的孝道是一种道理，一种规则，遵循道理、规则去生存，正是人独有的生活方式。我们这里不妨引用两段话，一段是作家张爱玲的，一段是学者、画家丰子恺的。张爱玲说："自我牺牲的母爱是美德，可是这种美德是我们的兽祖先遗传下来的，我们的家畜也同样具有的——我们似乎不能引以为自豪。本能的仁爱只是兽性的善。人之所以为人，全在乎高一等的自觉，高一等的理解力。"（《造人》）这话讲得实在好，动物在某些方面常常超过人，比方狗，在它面前再自信的人也不敢夸口忠诚，然而人终究比狗优越，他知道选择对象，懂得道义，能够体验到自我牺牲所带来的满足感、成就感，而狗一点儿也做不到，它可不管是什么人，哪怕是个杀人狂，只要给吃的，就认为主人，忠心不二。那么，什么是张爱玲说的"高一等的自觉，高一等的理解力"？下面丰子恺的话为我们做出了解答："贪生恶死，是一切动物的本能，人是动物之一，当然也有这种本能，但人贪生恶死，与其他动物的贪生恶死有点不同；其他动物的贪生恶死是无条件的。人的贪生恶死则为有条件的。古人云：'人之所以异于禽兽者几希。'这几希可说就在于此。何谓无条件的？只要吃得着东西就吃，只要逃得脱性命就逃，而不顾其他一切道理，叫无条件的。……何为有条件？照道理可以吃，方肯吃。照道理活不得，情愿死去。这叫作有条件的。条件就是道理。故人可以说是讲道理的动物。除了白痴及法西斯暴徒以外，世间一切人都是讲道理的动物。"（《杀身成仁》）这种自觉和理解力就是遵循道理，包括孝悌、忠诚、信用、道义、节操，等等。他们二位的意思很明白，人与动物的界限就划在原则规范上，人按照规则自觉地去做，而动物表现再好，也在规则之外。所以最次的人也比最棒的动物高贵，也要对他实行人道。就爱父母而言，动物幼小时也依恋父母，但与人不同，人表现为孝道，所以称为爱，爱的繁体字写作愛，下面是心，爱出于心；而且，人对父母的爱贯穿一生，儒家视舜为孝道模范，一个原因就在于他到了50岁仍旧依恋父母。正由于孝道是人区别于动物的一条规则，并且是起始的规则，我们才说爱父母是迈上成人之路的第一步。

有了这第一步，也就有第二步、第三步……人格就这样建立起来。它表现为人不断地以仁义礼智信等规范建构自己的存在。这种建构中，孝道仍旧具有原初的启动作用。春秋时期，鲁国有个执政大夫叫季文子，他生性简朴，生活跟普通老百姓差不多。仲孙它对此很不以为然，劝道：您身为国家上卿，侍妾不穿丝帛，马匹不喂粮食，人们都说您吝啬，对国家也不光彩呀。季文子答：自己治下百姓的父兄吃粗粮、穿旧衣，而自己却把侍妾和马匹装扮得光彩耀人，恐怕不是为政者应该做的吧！我听说过高尚的品德可以为国家增光，还没有听说过漂亮的侍妾和马匹能给国家增光的呢。季文子把这件事告诉了仲孙它的父亲孟献子。孟献子把仲孙它关了七天，命他反省。从此之后，仲孙它的侍妾也换上粗布衣，给马吃的也只是草籽。季文子很高兴，认为仲孙它知错能改，任用他为上大夫。相似的还有岳母刺字的故事。南宋抗金名将岳飞，坚持道义，不为名利所动，他的母亲非常欣慰，但鉴于世情险恶，生怕自己不在时，儿子一时糊涂，在威逼利诱下失节，做出不忠不义之举，便命岳飞脱下衣服，在他背上刺下"精忠报国"四个字。岳飞不负母望，致死不改报国之志，名垂青史，成为忠臣的代名词。说这两个故事相似，是因为仲孙它和岳飞的自我完善是在父母之命下进行的，承载的是孝道。简朴与忠诚有了孝道这个前提，分量会更重。

一次，楚国的叶公向子路询问孔子是怎样一个人。子路没有回答。孔子说："女（rǔ）奚不曰：'其为人也，发愤忘食，乐以忘忧，不知老之将至云尔。'"（《论语·述而》）为人，追求人之为人，即人格上的成人。孔子交代子路应该这样回答：老师在做人的道路上，用起功来经常忘了吃饭，快乐得忘记了忧愁，以至于连自己的生命走向衰老都没有察觉。做人的确是大乐趣，享受人所独具的生活是乐，比方性，动物是单纯的性交，人则是性爱，爱贯穿于性，比动物多了爱的乐趣；存在是乐，随着个人世界的拓展，人的乐趣也就增多，譬如，古希腊学者亚里斯提卜认为知识可以带来快乐，因为从中你可以知道什么可以吃、什么好吃，从而得以品尝更多的美味，而孤陋寡闻的人就没有这个福分；道德完成是乐，它使人体验到崇高，提升人的自信，给心灵以极大满足。而所有这些都由孝道所开启所推动，所以可以说，做人的幸福起源于孝道。

再看现实意义上的成人之乐。

生活中的成人是多方面的，生理上或处世上的成熟、在社会上立足或立业、掌握生存本领或学会生存技巧等，只要是成长性经历，都属于成人。这里主要谈成功。丰子恺的父亲是中国最后一期举人中的一个，庚子辛丑恩政并科第八十七名，这可是考了好几次才考中的。在儿子眼中，父亲似乎就是为了中举人而生的，因为祖母曾经对人说：坟上不立旗杆，我是不去（死）的。丰子恺家乡的规矩，中了举人，祖坟上可以立两只旗杆，不光宗族亲戚都体面，连死去的祖先也光荣。中举的捷报送来，祖母正病着，父亲赶紧在祖坟上立起旗杆。祖母病危，弥留之际问父亲：坟上旗杆立好了吗？父亲回答：立好了。祖母含笑而逝。在那个时代，丰子恺的父亲可以算是成功了，促使他坚持考下去的是孝道。

宁夏同心县预旺乡张家树村有个女孩叫马燕，12 岁时因为交不起一个学期 42 元的学杂费，面临失学。妈妈指着一只小羊羔说：你就在家里侍弄它吧，喂肥卖了钱，有了学费再去上学。她起早贪黑，打草喂养，用了 20 来天喂肥了小羊，卖了 13 块钱，妈妈又四处借钱补足学杂费，马燕终于能够继续上学了。她非常珍惜学习机会，坚持用日记写下自己的生活和感受。在马燕又一次面临失学的时候，妈妈把她的三本日记交给了前来村里访问的法国记者彼埃尔·阿斯基。这位先生被深深打动了，把中国宁夏女孩的故事刊登在法国报纸上，引起强烈反响，一笔笔汇款寄往宁夏。2003年，法国一家出版社出版了女孩的日记，书名就叫《马燕日记》，之后这本书被译成英文、意大利文、葡萄牙文、日文，在世界各地发行，成为一本激励多国青少年奋进的畅销书。巴黎还成立了"为了宁夏孩子学会"，专门帮助辍学的孩子重返校园。马燕，一个再平凡不过的中国乡下女孩，一下子成了世界青少年的榜样，不仅改变了自己的命运，也使许多像她一样的苦孩子获得了走向新天地的机会。马燕绝对是一个成功者，她的成功有多种原因，其中最大的动力来自孝心。她在日记中这样写道："爸爸和妈妈为了我和弟弟的学业，可以牺牲一切。我一定要好好学习，将来要考上大学，找个工作，让他们过上幸福的生活。"

还有比马燕起点更低的。台湾有个叫赖东进的男人，是一位消防器材制造商，真正的老板，曾被评为台湾第37届十大杰出青年。谁能想得到，这位成功人士竟然出身于乞丐！还不是一般的乞丐，是身患残疾的最下等乞丐。父亲眼盲，母亲眼盲外加智障，几个孩子除了赖东进和他的姐姐，一概眼盲。赖东进打记事起，就跟父母去讨饭，晚上就住在乱坟岗子的墓穴里。9岁那年，有人告诉父亲，你要送小孩去读书，要不他长大了也会像你一样，讨一辈子饭。于是父亲把赖东进送进了学校。老师见他脏得不成样子，给他洗了出生以来的第一个澡。姐姐为了供他上学，13岁就到青楼卖身赚钱。就这样，赖东进边乞讨边上学，完成了学业。上高中时居然获得了一个女生的爱情，但被未来的丈母娘抡起扁担打出门去。成功后，赖东进写道："我感谢我的父母，他们虽然瞎，但他们给了我生命，至今我还是跪着给他们喂饭；我还感谢苦难的命运，是苦难给了我磨炼，给了我这样一份与众不同的人生；我也感谢我的丈母娘，是她用扁担打我，让我知道要想得到爱情，我必须奋斗，必须有出息。"

有人喜欢说，在所有的成功者背后都站着一个女人（男人），其实更普遍更深远更根本的事实是，在所有的成功背后，我们都看见了一天天衰老的父母！走向成功以及获得成功，是人生一大乐事，一大幸福，却是以父母的牺牲为代价的，它的根子在孝道。

以上就是成人之乐。它与天伦之乐的自然性不同，属于社会性之乐，是社会送给人的大礼包。通过规范走向人格的完善，是社会性行为，因为规范是社会产物；经过努力走向成熟获得成功，也是社会性行为，因为努力是在各种社会关系中开展的，无一不打上了社会烙印。它也不同于天伦之乐的"真"，而主要是善，人格的完善是善，生活中的成长也是善，因为成长是人生所需要的，满足正当需要就是善。它也不同于天伦之乐的必然性，而是属于应然范畴，一个人只要获得生命来到世上，就应该按照人的标准来修养自己，就应该努力成为对社会有用的人，由此收获的幸福也就是应然之乐。

自由之乐

　　自由是人存在的一种状态，这种状态使人身处愉悦，感受幸福，就是自由之乐。孝道是通往自由之乐的最经常也是最切近的途径。

　　关于自由，孔子有两句话。一句是"为仁由己"（《论语·颜渊》）。是不是行仁爱，完全由你自己。一句是"七十而从心所欲不逾矩"（《论语·为政》）。从心所欲，随着自己的意愿，想怎么着就怎么着；不逾矩，不违反规矩。这是孔子的自我总结，说自己年到70，随心所欲却又符合规矩。第一句话讲的是自主性，有点类似现代哲学强调的选择的自由——存在主义告诉人们，你是什么不是什么完全是你的个人选择，所以自由就是人的存在，人与自由等同。第二句话侧重于自愿性，内容更丰富一些，用现代语言说，讲的是主体与客体、内在与外在、自然与社会、行为与规则之间的关系，既实现了主观愿望、内在活动、自然欲求、个人行为，同时又符合客观现实、外在要求、社会道德、群体规则。欲望与规矩之间的基本关系可以分为两种，一种是对立，另一种是统一。对立意味着个人受制于外，感觉不自由。孔子不是这样，他在长期的实践中打破了主体与客体、内在与外在、自然与社会、行为与规则之间的界限，使二者融会贯通，合为一体。这时候，个人随便什么欲念都符合社会要求，都体现着规范；而规范也不再是外在的条条框框，就存在于个人内在活动中，人没有丝毫被束缚或者被迫服从的感觉，也没有被阻碍的感觉，他既代表欲望又代表规矩，所以说是自由的。

举个简单例子，按照礼制，男人与女人在走路时各行一边（孔子在中都宰的职任上就推行过这一条），最初人们并不适应，觉得这个规矩是对自己的限制，这就是主客体的对立，感觉不自由。慢慢适应了，想都不用想便走在正确位置上，这时并不感到受限制，主客体达到了一致。北宋理学大家程颐，一生恪守礼制，生活规规矩矩。到了垂暮之年，学生觉得他这么活一辈子有点儿冤，问：先生您四五十年来一举一动都按照礼的规范去做，不觉得太劳苦吗？程颐说：我每天都走在平安的土地上，哪来的劳？又哪来的苦？道德规范就是他脚下坚实的地基，老先生这种活法完全是自愿的，坦然得很，满足得很，自由自在。这说的是古人、大儒，现代人、寻常人也一样。北京四通桥附近，一位老太太每天清晨5点半准时出现在报摊上卖报，下午5点收摊回家，天天雷打不动，坚持了8个年头。大冷的天，她就蜷缩在那里，白发苍苍，神情憔悴。最初人们以为是她家经济困难或子女不孝敬，后来才搞清楚，她家根本不缺钱，子女待她也很好，之所以出来卖报，就是为了找个事情做，正如她老伴说的：她觉得卖报舒坦，不用在家闲着，坐着就能来点小钱。劳动和自立已经成了老人生命的一部分，她这么做非常自愿，一点也不觉得是在受罪。南京也有这样一位老先生，比北京的老太太还老，89岁了，每天早晨7点半准时出现在小区门口卖烤梨，网上称他"烤梨爷爷"，已经坚持了30年。他说：只要还干得动，我就坚持靠自己，不给社会增加负担。

中国现代哲学家冯友兰将人生归结为四种境界，即自然境界、功利境界、道德境界、天地境界。自然境界中的人基本上服从的是自身欲望，与动物还不能根本区别开来；功利境界高一些，人知道了切身利益的重要性，以追求名利为人生最终目标，不可避免地与他人、社会相冲突，以人之所以为人的标准来衡量，尚有距离，属于生物性人格；进入道德境界，人便可以称之为人了，因为他以道义为取舍，而道义则代表着社会群体、整体，这就意味着个体做到了自我牺牲，挣脱了自身欲望和个人私利的束缚，获得了社会性人格；天地境界最高，在此境界中个人与天地万物合一，是人性的充分展示，是理想人格的实现，这时的快乐是"天乐"，远非前几种所能企及。

从自由角度解读，自然境界和功利境界肯定不是自由境界，因为滞留于其中的人受着自身欲望的支配和个人名利的制约。道德境界存在两种状况。这一境界是一个自我牺牲的境界，包括欲望、利益乃至生命。孔子说："志士仁人，无求生以害仁，有杀身以成仁。"（《论语·卫灵公》）意思是，怀抱远大志向和爱心的人，绝不以牺牲德行为代价来换取生命，而是以牺牲生命来成就自己的仁德。孟子也说过类似的话："鱼，我所欲也；熊掌，亦我所欲也。二者不可得兼，舍鱼而取熊掌者也。生，亦我所欲也；义，亦我所欲也。二者不可得兼，舍生取义者也。生亦我所欲，所欲有甚于生者，故不为苟得也。"（《孟子·告子上》）是说，鱼，是我希望得到的；熊掌，也是我希望得到的。如果这两样不可以同时获得，我就放弃鱼而留下熊掌。生命是我希望拥有的，道义是我希望坚守的。如果这两样不可以同时做到，我就舍弃生命而坚持道义。生命本来是我所追求的，但在我所追求的东西中还有比生命更贵重的，所以我不愿意苟且偷生。牺牲无疑是高尚，但不一定是自由。如果个人只是在选择中忍痛放弃利益甚至生命，服从道义，仍旧是不自由的，因为他受制于规范。一个姓尾生的古人就是这方面的典型，他与一个女子相约在桥下见面，女子没有到，洪水却来了。他不肯走，牢牢地抱着桥梁柱子，结果被淹死了。其事迹被后人称为"抱柱信"，是一个为守信而死的人。如果个人不是刻意地去服从什么、牺牲什么，在他身上不存在两难选择，而是自觉地去做，就像孔子说的"从心所欲不逾矩"，他就达到了自由，进入天地境界。

天地境界是自由境界。学者丰子恺在谈他的老师弘一法师（李叔同）时，把人的生活分为三个层次，即物质生活、精神生活、灵魂生活。说生活就是爬这三层楼，弘一法师做人很彻底，不满足于物质欲和精神欲，登上最高层的灵魂生活，他"不肯做本能的奴隶，必须追究灵魂的来源，宇宙的根本"，从而达到"物我一体"的境界。丰子恺讲的灵魂生活相当于冯友兰的天地境界，二者都打破了主体与客体的界限，使个人与群体、万物、规则相融合，所谓的"天人合一"，因此个人毫无制约，完全是自主自觉的活动。

子女尽孝道，便进入了道德境界，得以享受天伦之乐和成人之乐，同时也为享受自由之乐——也就是冯友兰讲的"天乐"——铺平了道路。这是一个过程。庄子这样说："用尊敬的态度行孝容易，用爱的态度行孝难；用爱的态度行孝容易，用忘记双亲的态度行孝难；用忘记双亲的态度行孝容易，用能使双亲忘掉我的态度行孝难；用能使双亲忘掉我的态度行孝容易，用能把天下也忘掉的态度行孝难；用能把天下也忘掉的态度行孝容易，用能使天下忘掉我的态度行孝难。"（《庄子·天运》）尊敬属于礼，通过程式来表达；爱就不同了，超出了规范，出自于感情；到了忘记的地步，则超越了人际关系，摆脱了责任，成为了一种本能，也就是自由。

尽孝当然是子女的责任，但如果只是当责任去做，就会背负压力，感到受苦受累，孝敬父母的乐趣就会被冲淡甚至抵消，所谓的"久病床前无孝子"说的就是这种情况。所以庄子主张忘，"忘亲""使亲忘我""兼忘天下""使天下兼忘我"。如果一个人心中总是出于父母的概念（名）去尽孝，或者父母因为子女的概念（名）要求对方尽孝，一定会形成负担感；如果一个人总是迫于社会规则的压力去尽孝，或者社会方面以舆论和惩罚来要求社会成员尽孝，也一定会造成重负感，因此一定感到不自由、不愉快、不幸福。只有超越了身份以及社会赋予的责任，自然而然地去尽孝，才能感到纯粹的乐趣。

自然而然近于本能，也就是人们常说的下意识。2011年夏日的一天，杭州的两岁女孩妞妞爬上窗台，从10层楼坠落，被一位名叫吴菊萍的女士接住。妞妞得救了，吴菊萍被砸昏，左手小臂断为三截。吴菊萍是一位年轻的母亲，事后说："我当时没有细想，心里很急，踢掉高跟鞋，往楼下快速靠近几步。这时听到楼上一声尖叫，我下意识地双手手臂一张，真是'嗖'地一下，很快很快，左手臂一阵剧痛，我整个人就倒下去了。"这是母亲的本能，见不得孩子受伤害，不只自己的孩子，也包括别人的孩子。2012年冬末，北京劲松地区一座楼失火，浓烟滚滚，火舌蹿起两三米高，路人都吓傻了。这时就见一个男人背着老人从火场中跑出来，老人长年卧病在床，背她出来的人是她的儿子。没人采访这位孝子，但可以断定，他这么做也一定是出于本能——火势凶猛，情况紧急，根本不可能有更多的思想活动。这说的是危急关头，来不及细想，其实一般情况下也一样，本能同样发挥作用。江苏丰县有一位叫侯立晴的18岁女孩，妈妈早逝，爸爸瘫痪，家里只有一个姐姐，远在哈尔滨上学，照顾父亲的重担便落在了侯立晴肩上。2011年她考上了南京医科大学，但她没有因为父亲放弃自己的前途，也没有因为学业放弃父亲。她说：对我来说，最宝贵的就是亲人，我觉得，有爸爸的地方就是家。于是她把家安在了南京的一间地下室，带着父亲上学。女儿的孝心感动了上苍，在她的悉心照料下，瘫痪的父亲竟然站了起来，可以慢慢行走了。父亲回乡养病，侯立晴每个晚上都要通个电话，跟爸爸说几句话。没有老人照顾，她似乎有些失落，便常去敬老院，陪那里的老人聊天，给他们做推拿按摩。侯立晴的做法也已经成了本能，没有多少道理可讲，就是想看望老人，不去不踏实。在吴菊萍、侯立晴等人身上，规范以及孝道就是这样表现为自主自觉的活动的。在这里，社会意识内化为个人下意识，外在规则变成了本能。如同学会了驾车而下意识地操作一样，子女习惯性地尽孝道，是不会有受制约的感觉的。

也正是在这里，我们看到了"天乐"。背着母亲逃出火场，带着爸爸上学，感觉非常好，既满足了亲情需要又践行了孝道。亲情的满足是天乐，因为血缘属于自然关系，在这种关系中给予爱和获得爱，达到人际高度和谐就是天乐；孝敬父母也是天乐，因为在儒家看来，孝道是通行天地的根本道理，是人性的一个构成，践行孝道，上合于天地，下合于人性，这种个人与世界的和谐、与自身的和谐就是天乐。

这并不是说侯立晴们没有困苦，他们很难，在外人看来甚至无法承受。侯立晴带着爸爸住的地下室只能放下一张单人床，爸爸睡床，她只能打地铺，而且由于空间狭窄只能蜷着睡；中午一下课，她便直奔食堂打饭，接着跨上自行车飞驰回地下室的家，照顾爸爸吃饭，晚饭也是如此，为了省钱，她中午只喝一碗汤；她每天要给父亲按摩两次，还做一份每月挣 240 元的勤工，每晚 10 点到宿舍楼查房，忙成这样，学习成绩居然还不错，好几门功课都在 90 分以上。这样的生活，侯立晴没觉得有多苦，说只是早上比别人早起一些，晚上比别人晚睡一些。她不是不苦，是不觉得苦，是乐大于苦。

与孝道一样，其他的准则、规范也能带给人天乐，只要达到主客体的内在统一，就可以体验到自由之乐。孝道的优势在于更直接、更容易、更强烈，因为子女父母关系比其他关系多了一层自然性，而且个人接触最早也是接触最多、最久的就是父母。

自由是一种美，美就美在无拘无束。丰子恺说："路上的褴褛的乞丐，身上全无一点人造的装饰，然而比时装女美得多。"——这使人想起 2010 年风靡全球的"犀利哥"——又说："自然的美的姿态，在模特儿上台的时候是不会有的；只有在其休息的时候，那女子在台旁的绒毡上任意卧坐，自由活动的时候，方才可以见到美妙的姿态。"丰子恺把这叫作"任天而动"(《自然》)。他的意思很明白，就是不去刻意地适应什么。就孝道而言，被动地服从要求就属于"人造的装饰"，如同"模特儿上台"，是不美的；反过来，自然而然地去敬爱父母，就是美，自己感到舒坦，别人看着也舒心。

　　当然，要达到这种美或者说自由之乐需要一个过程，是包括亲情交流、家庭社会教育以及潜移默化的影响在内的长期生活和道德实践的结果。经由这一过程，道德规范转化为个人习惯，习惯变成下意识、本能、欲望，由此形成个人自主自愿的行为，达到自由。道德规范代表社会，属于应然性，欲望代表自然，属于必然性，所以这又是一个社会变自然、应然变必然的过程。这就告诉我们，自由之乐既具有社会性又具有自然性，既具有应然性又具有必然性。只有人类才能创造这种乐趣，所以自由之乐又具备人性，是人类送给个人的大礼包。

结 语

1 本体

哲学上的本体，指的是宇宙本原，文化上的本体，指的是根本道理，都没有离开第一性这个概念。在古人那里，孝道就是第一性，孝道的"道"，本身就具有本体的意义。本篇的三个问题，即孝道的地位、孝道的功用、孝道是幸福的源泉都是从孝道这个本体展开的，第一个问题谈的是"本"，第二个问题谈的是"用"，第三个问题谈的是"源"。立足孝道，就能通达天地、理顺人伦、弘扬道德、治理国家、维持秩序、确立个人位置，天下也才太平；运用孝道，就能增强个人、和睦家庭、协调社会、整合文化、移风易俗，人类也才和谐；遵循孝道，就能享受天伦之乐、成人之乐、自由之乐，个人也才幸福。

孝道是古代中国的意识形态，其根本价值是定。定，稳定、确定；定天地、定人伦、定道德、定国家、定秩序、定个人、定家庭、定社会、定文化、定风俗、定幸福。借用神话道具，孝道是古代中国的定海神针。

2　整合

本编我们只谈了孝道的文化整合作用，其实孝道的这一作用是全方位全时段的。从天地代表的宇宙到人伦代表的人际关系、道德代表的规则、为政代表的管理、秩序代表的运行、角色代表的定位；从个人代表的基本单位到家庭代表的小环境、社会代表的大环境、文化代表的精神环境、风尚代表的软环境；从天伦之乐代表的自然，成人之乐代表的社会，自由之乐代表的人，无一不贯彻着孝道，无一不受孝道所支配，由此这些不同事物、不同领域便打上了共同印记，有了共同诉求，从而成为有机整体。按照流行说法，这个整体可以称为孝文化。

3　幸福

一般以为，尽孝是子女的付出，是对父母养育之恩的回报，受益的是双亲。这种认识没有什么不对，但有偏差，忽略了更重要的一面，即尽孝的最大受益者其实是子女自己。中国有句老话叫"前人栽树后人乘凉"，毛泽东在父母墓前三鞠躬，说"前人辛苦，后人幸福"，之所以这么讲，是因为父母终其一生所积累的财富都留给了子女后人。这是有形的受益，此外还有无形的受益，就是我们这里说的精神上的愉悦以及个人在其中获得的幸福感，可以概括为一句话：孝敬父母，幸福自己。

这种愉悦是其他关系，诸如夫妻关系、朋友关系、上下级关系等难以企及的，因为子女父母关系多了一层血缘天然关系，使人得以享受自然性之乐（真）、社会性之乐（善）、人性之乐（美）。天、社会、人都占齐了，真、善、美都具备了，所以我们说孝道带来的幸福是大幸福。

孝

XIAO

道

DAO

在

ZAI

今

JIN

天

TIAN

中华优秀传统文化是什么

孝道第一课

孝道的崩塌

要　义

　　孝道作为自然经济的意识形态，随着近代以来社会结构变化、家庭结构变化、价值结构变化，必然走向衰落。

社会结构变化

19世纪中叶，中国自然进程突然中断，在西方势力强制干预下被迫开启变革，进入千古未有之大变局，就历史总体而言，今天的改革仍旧可视为这个变革大潮掀起的一个巨浪。由于救亡与学习西方搅在一起，革命与强盛实业搅在一起，传承与民族复兴搅在一起，这个过程极其漫长而复杂，其间充满了否定之否定式的反复。

中国社会分城市和农村两大部分。城市先进，农村落后，但在20世纪中叶之前，决定中国社会性质的是农村，中国是农业国。这固然是因为农村无论从地域上还是人口上还是经济比重上都超过了城市，更重要的是市民出自农村，文化心理仍旧保留着农民的印记。所以当代社会学家费孝通先生说，中国社会本质上是乡土性的。因此我们分析社会结构变化对孝道的影响，不能不以农村为主体。

对孝道冲击最大的来自社会结构方面的变化有三个：宗族的没落、家庭地位的下降、改革开放后农民离土离乡。

我们先看第一个变化，宗族的没落。中国的乡村具有宗族特征，宗族是同一个祖先的后代所形成的族群，这些后代组成各自家庭，生活在相对独立的地域内，在共同心理的凝聚作用下，组成生产和生活的聚集区，人们称其为村落、村庄，也可以理解为社区。这样，农村就有了两种基本组织，一个是独立家庭，一个是宗族。在古人心目中，二者都是家，当然有远近亲疏之分。既是家，就有家长，就要靠权威来维护。独立家庭中的家长是父亲，其权威叫父权；宗族大家庭中的家长是族长，其权威叫族权。毛泽东写《湖南农民运动考察报告》，说中国人民特别是农民身上有四条极大绳索，分别是政权、族权、神权、夫权（丈夫支配妻子的权力），它们代表了全部封建宗法的思想和制度。这里，毛泽东是把父权与族权视为一体的，统称为族权，其实说的是家长权力。孝道尊崇的就是这两种家长权，在家服从父亲，在村落或者说社区社会服从族长。族长通常由房分、辈分、威信都较高的人担任，由若干老人辅佐，成为社区的最高统治者，代表道德与秩序，握有赏罚乃至处死的权力而无须通过官府。对于不孝子，他们从不留情，用不着父母告状，只要发现便拉到祠堂祖宗牌位前宣告罪状，狠打一顿是免不了的，要让他痛到再不敢忤逆父母，如若不改，塞进竹笼沉进水塘溺死，既是对不孝子的惩罚，也是对他人的警告。族权是父权的后盾。

　　早在民国时期，族权便遭到了蚕食。其最大敌人是国家权力，也就是毛泽东说的政权。他这样解释政权："由一国、一省、一县以至一乡的国家系统"所形成的权力（《湖南农民运动考察报告》）。也就是老百姓习惯说的官家。国家政权对农村的干预是通过保甲制度实现的。这种制度源远流长，其雏形可以追溯到战国时期的"伍""什"组织，国家将5户人家编为一组，称"伍"，10户编组称"什"，商鞅在秦国变法，一个内容就是推行伍什连坐制度。

这种制度为历代王朝所采用，并不断扩充、完善。国民党当权后，对这一制度进行了强化。其组织形式是，10户编为1甲，10甲编为1保，保由乡管理，1乡辖若干保，设保长联合办公处。户设户长，甲长由户长推举，保长由甲长推举，保长联合办公处主任由保长推举，但须经县长批准方可就任，如县长不满意，必须另行推举。保甲长的任务是"管、教、养、卫"。管主要是维持治安，教是宣传和训练，养是协助农户进行生产，卫是地方武装。这样一来，村庄的主要事务基本上划入了保甲长权力之内，族长及其宗族系统被架空。这实际上是一次夺权，乡村统治权向国家转移。1949年后，保甲制度被废除，但并没有使族权得到恢复。在把分散的农户组织起来进行生产的决策下，经由互助组、初级社、高级社直至人民公社，国家对乡村的干预步步深入，农民被纳入国家组织体系。农村的经济活动由生产队统一支配，从种植方案到资源配置、生产安排、劳力使用、产品分配都由生产队长根据人民公社下达的指标负责落实，而人民公社又是从县政府领受生产指标的，县政府的上面还有地区、省乃至中央，生产队的经济活动实际上体现的是国家意志。族权被彻底晾在一边，失去了话语权，不仅无力参与各项事务，就是祭祖等活动也不能搞，因为这些活动属于封建迷信，是对国家权力的挑战。

改革开放后，随着人民公社的解体以及家庭承包联产责任制的实施，国家权力开始逐步撤退，宗族影响抬头。修复祠堂、续写族谱、认祖归宗、重建村庙、敬神游行等活动遍地开花，几成潮流，传统大步向今天走来。然而这不过是旧瓶装新酒罢了，传统现象的后面是实用的冲动。人们认为，搞市场经济就是搞关系，而共同祖先的后代因为血管里流淌着一样的血液自然更亲密更可靠，是最有效的关系。不能说这里没有对祖先的感激和追思，但就大多数人而言，就本质而言，实用高于孝道，是经济对宗族的利用，具有鲜明的工具性。因此宗族活动的开展并没有使族中长辈获得更多的尊重，他们的话仍旧没有人听，他们的号召也得不到响应。凡是以实用为目的事情都长不了，宗族活动也一样，最终难逃昙花一现的命运。一个事物的存在和发展，取决于其价值，即是否符合以及多大程度上符合环境以及其他事物的需要，如果宗族在新的经济社会条件下不具有不可替代的价值，那么它就没有存在的理由。

　　这种无能为力特别明显地表现在对老人的支持上。江西南部有个叫龙山的村庄，80岁的村民刘氏是5个儿子的母亲，但没有一个儿子跟她一起过，她只好独自生活。刘氏身体不好，儿子又不带她去医治，腊月二十八那天，老人捡鸡蛋跌落山沟，昏死过去。恰逢隔日镇政府来人发放救济，不见老人，发动村民寻找，才把老人救出来。到了这个时候，5个儿子仍旧互相推诿，不肯负责，最后由村委会出面把刘氏划入孤寡老人行列包了下来。还有个叫牛山的村子，村民谢氏也是80岁，有两个儿子和一个女儿。儿子不管母亲，老人屋里连电灯都没有，只好用油灯。村里电工看不下去了，跟谢氏的两个儿子商量，让他们出钱买电线，他免费安装，还答应今后不收取电费。就这样儿子们还是不肯掏钱，最后还是女儿出资为老人买来电线（见郭亮：《走出祖荫》）。龙山村是以单姓为主的村庄，牛山是纯粹的单姓村庄，都是宗族力量强势的地方，然而面对这些不孝之子，同宗长辈一点作用也起不了，还得村社组织出面解决。

下面看第二个变化，家庭地位的下降。从前的家庭是一个生产和消费自我循环的完善自足体，国家不过是它的放大，家庭是名副其实的社会细胞，所以孟子才说"国之本在家"（《孟子·离娄上》）。20世纪50年代，所有制变了，土地、牲畜、大型农具等生产资料不再属于家庭私有，而属于集体公有。同时生产组织也变了，生产和分配由生产队统一安排。家庭被彻底排挤出经济活动领域，失去了生产功能，仅仅是消费单位、生育单位，变成单纯的生活共同体。这样的家庭已经不能称之为社会细胞了，因为它的功能与社会整体并不相对应。

这是家庭史上的本质性变化，是颠覆性的、历史性的。面对这样大的变化，孝道能不遭到重创吗？除亲情外，家长的权威靠三种权力来维持，即家产支配权、生产管理权、生活管理权。如今生产资料归公，家长能够掌握的仅仅是几间土屋以及生产队分给全家的口粮；生产由队长领导，家长与儿女一样以普通社员的身份听从队长的安排，由于体力比不过午轻人，还不如儿子受重视，挣的工分当然也不如儿子多；生活管理权还有一点，但收敛了不少，因为儿子的贡献比自己大。生产管理权丧失，家产支配权缩水，生活管理权折半，这就是家长面临的现实，企望儿女像从前一样地遵从自己已经办不到了。

再看第三个变化，农民离土离乡。这是震荡中国社会的真正巨变，它发生于20世纪80年代初，到今天仍在继续，短短30年时间，超过一半的农民成批成量地从土地和乡村转移出来，而且是高素质的青壮年。导致这一巨变的最终原因是生产力的高速发展，其中最具冲击力的因素有两个，一是乡镇企业，一是城市扩张。乡镇企业把农民从土地转移到工厂，城市扩张把农民从乡村转移到城市。最先走出来的是儿子，跟上来的是儿媳妇，步其后尘的是孙子——长大后也加入了外出者的行列。于是留在农田上的只剩下老人了，他们惧怕外面的世界，也舍不得放下好不容易才回到自己手中的土地。出来的人有文化、身体好、善于学习、适应能力强，很快习惯了新生活，思想观念迅速现代化，而留下的人不仅生理老化，意识也跟不上形势，依然恪守着固有的生活方式。结果本来就存在着代沟的父与子，更加之两个世界——现代城市和古老乡村——的隔离，共同语言越来越少，距离越拉越大。这种差距既是物质空间的，也是心理的。空间上的距离使父母子女一年只能见一次面，而且不过是短短的几天春节假期，常言道"亲戚越走越近"，父母子女之间也一样。心理上的距离造成的伤害更严重，它使人处于两种观念两种文化的对立中，从而导致陌生感。渐渐地，出来的人不愿意回家了，也不像从前那样思念父母了。到了这个份儿上，孝道也就变得无足轻重了。

乡村历来被视为孝道的最后家园，乡村如此，城市又能好到哪儿去呢？除了家族企业，城市家庭从来就不是生产单位，家庭成员都是挣工资吃饭。从前住房紧张，生活节奏缓慢，子女跟父母的关系较为密切，随着竞争加剧，独立住房普及，子女与父母的联系日渐松弛，孝道也就渐渐淡化了。

家庭结构变化

　　家庭作为独立组织形成于春秋时期和战国时期，其生产力前提是金属工具和耕牛的推广，得以使一家一户的农耕经营逐渐发展起来。这个一家一户绝非今天的小家庭所能比拟，它倾向于大，是由存在着直系血缘关系的一系列男性及其配偶、子女共同组成的生产单位和消费单位。它通常由三代人为主干，即父亲、几个儿子和若干孙子，所谓三代同堂，如果能够延续到四代、五代，则是非常令人羡慕的福分。这样的家庭，少则七八口，多则十几口、几十口，也有上百口的。现在一些规模宏大的民居遗存，如山西的大院、北京的三进和多进四合院、福建的土楼、江西的"大渡水"等，就是供这种家庭共同生活居住的。为什么追求大？主要原因有两个。一个是物质生产要求。古代实行的是以男耕女织为标志的自给自足经济，依赖于分工协作，不仅表现为耕与织的分工，即使在耕或织的内部，也必须通过协作来进行。譬如播种，同一个时间内要求完成送肥、施肥、灌溉、下种以及牲畜饲养、农具维护等辅助性工作，还要为下一个生产环节做准备，有时令管着，一项也耽误不得，不要说一个人了，就是人手少了都无法承担。再一个是资源方面的。农业生产最重要的资源是土地和水源，家庭之间常常因为农田边界和用水发生冲突，这时候就要靠实力说话，而男丁则是最有效的力量，人多力量大，谁家的青壮年多，谁家就占上风。从这里也可以看出，古人为什么说多子多福了。当然，这并不是说家庭越大越好，历史上超过百口的家庭实属罕见，几十口的家庭也不多，十口上下的家庭比较普遍。家庭规模的大小取决于两个因素，一个是家长的驾驭能力，一个是以土地为主的家庭财力。

事情总有两面。人多力量大，同时矛盾也大，特别是在几个儿子都成了家的情况下，这就需要诉诸家长的权威了。清官难断家务事，家庭矛盾最难处理，根本说不清楚，这时只有一个办法，就是听家长的，他说什么就是什么，大家只有遵从的份儿，否则家庭就不能维持下去，对谁都没有好处。再加上对生产活动分工协作的统一管理，家长的绝对地位便奠定了。这就是孝道的现实基础。由此可以说，孝道是小农经济的上层建筑。

中国进入大变局以来，自给自足的小农经济逐步破产，大家庭也随之渐渐瓦解。以费孝通先生调查的江村为例，两对及两对以上的配偶组成的大家庭占家庭总数的比例在 1936 年已经下降到 10.3%。1964 年这个比例继续下降到 6.1%。而由一对配偶组成的小家庭（又称核心家庭）在同一时间内则从 23.7% 上升到 45.9%。家庭规模的小型化以及结构的简单化是必然的。正如前面说过的那样，20 世纪五六十年代，由于农村实行集体经济，家庭不再是生产单位，生产管理功能完全丧失，当然也就不存在着家庭之间争夺生产资源的问题，资源上面还是会发生矛盾的，但那是生产队之间的事情，与家庭无关。由于这些变化，人口多规模大对家庭也就失去了实质性意义。相反它趋向于小，因为现在的家庭只是生活共同体，决定其规模的主要因素是生活方便，而一对配偶组成的家庭最为方便，没有两代家庭之间的矛盾，没有婆媳之间、妯娌之间的纠纷。有一种家庭类型叫扩大的家庭，由一对配偶加上单独的父亲或者母亲组成，江村这种家庭的比例在 1936 年为 38.4%，1964 年降至 15.9%，这说明了生活因素的决定作用，连一个单独的父亲或母亲，儿子的家庭都不愿意带他一起过，就不要说别的了。这是乡村的情况，家庭走向功能单一化、规模小型化、结构简单化。城市更是这样，只要有房子，新婚夫妇都乐意离开父母单过。

上文说过，维持家长权威的三种权力中，生产管理权丧失，家产支配权缩水，生活管理权折半，如今儿子组成小家庭与父母分家另过，那么家长的生产支配权和生活管理权也就随之消失了。三种权力都没有了，父母与儿女终于拉平了，这时的孝道不再通过权威来支撑，只能依靠亲情来维系了。

20 世纪 80 年代初，中国经济社会开始转型，由农村发轫，启动的标志是家庭联产承包责任制。绕了一个大大的圈子，用去二十多年时间，生产主体的角色重新回归家庭。这时的生产力并无实质性变化，仍旧停留在手工操作以及依靠畜力的农耕水平上，所以上文说的分工协作和资源这两个因素又开始发挥作用了，于是家庭规模突然膨胀起来，大家庭的数量迅速增长。1981 年，江村的大家庭比例猛增至 20.6%，比 1964 年上升 14.5 个百分点。不少直系亲属的小家庭合并为一家，原先打算分家另过的也不分了，大家一起承包土地，统一生产，共同经营。家长的腰板又硬了起来，他又是总揽大权的人物了。与之配合的是宗族的复活，祭祖、续族谱、修建祠堂乃至求神迎神，凡是与传统相关的，无一不起着壮大和加固父母地位以及弘扬孝道的作用。

　　然而好景不长，经济发达地区也就三五年光景，家长的地位便直线下跌。随着专业户、打工潮等新鲜事物的涌现，大家庭又一次瓦解了，与几年前的崛起同样迅速，真是"其兴也勃焉，其亡也忽焉"。分家有两种形式，一种是公开的，通过协商，父母分给儿子儿媳房产和钱物，由他们另立门户。另一种是隐蔽的，表面上没有分，但形成了分家的事实。江西南部的含水村有个叫陈良秋的村民，一家9口人，由三对配偶组成，分别是陈良秋夫妇、大儿子夫妇、小儿子夫妇。儿子媳妇都外出打工，不管田间耕作，把三个孙子、孙女留给父母。老两口一边种地一边照顾第三代。儿子们的收入全归自己，当然也要交一些钱，那是小孩子的生活费，除此之外再无别的贡献，大家庭的日常运转完全依靠老人的田间收入来维持。由于经济收入分开，实际上是各过各的，这个大家庭已经名存实亡（见郭亮：《走出祖荫》）。

　　一般以为，儿子媳妇是大家庭的消极因素，而父母则是积极维护者，其实恰恰相反，主张分家的常常是老人。因为青年一代是大家庭的受益者，他们把孩子扔给老人出去闯生活，免去了后顾之忧，可以极大减轻城市生活的压力，父母等于是长工加保姆，不仅不用付工钱，还要倒贴。说父母是长工，基于这样一个事实，大家庭的土地完全由父母耕种，老人承担了本应由儿子出力的那一份劳作；分开过的小家庭也是如此，普遍流行的是分家不分地，老人不得不去耕种全部土地。由于负担过重，儿子的收入又没有自己的份儿，老人希望分开过。上面的陈良秋就是这样想的，但考虑到儿子们的实际困难，这个口又张不开，只好继续苦自己。这种对老人的剥夺在城里也存在，儿女应该工作却不去工作，仍旧依靠父母养活，或者虽然有工作有收入，但依然要求父母资助，人们把这种行为叫"啃老"。

目前农村除了大家庭外，更多的是一对配偶及其子女组成的小家庭（核心家庭），其次是由一对配偶加上单独的父亲或者母亲组成的扩大家庭。收入决定地位，无论对哪一种家庭来说，老人的地位都不高。小家庭不用说了，儿子媳妇单过，父母管不着。另两种家庭里，父母倒是有发言权，逮着机会说几句，人家也未必听，儿女有文化，见过外面的世界，理念先进，哪里听得进这些陈词滥调？表现好的，点点头，这个耳朵进去那个耳朵出来，连脑子都不过——给个面子罢了。总之，老人在晚辈面前失去了话语权，可以说权威丧失殆尽。这说的是在家庭内部，对外也一样。过去村里开会，代表家庭出席的是老人，现在换成了儿子，如果儿子不在，则是儿媳妇，因为老人去了也没用，根本做不了主。

老人的地位一落千丈，这还是在他能够种田能够从事家务的情况下。如果他丧失了劳动能力，将会怎样呢？要知道我们现在面对的是一个物质化、工具化的世界，亲情已经被功利稀释，降到了次要地位，在许多人身上已然失去了感动力，要是不幸摊上这样的儿女，老人的晚景一定十分凄凉。江西南部的青竹村有一位姓张的妇人，90岁了，两个儿子和媳妇都不愿意跟她一起生活，老人只好单独过，生活不能自理的她只能靠儿子送饭维持生命。她孤独地坐在屋子的角落里，默默地数着时间送走自己的生命。村里还有一位妇人，姓王，78岁，比她幸运，有丈夫陪着，男人姓陈，80岁。但境遇跟张姓老人一样苦。他们有两个儿子，分开过，儿子媳妇很少关心父母。后来陈某生病，卧床不起，王某背驼，不要说照料丈夫了，就是自己都顾不过来，便在春节时双双上吊自杀（见郭亮：《走出祖荫》）。

家庭结构的变化使老人问题日益突显。从前由于他们的家长地位和亲情厚重，加上孝道的维护，老人尽管生理上进入弱势，但依然受到尊重，至少生活上不成问题。现在不同了，老人成了名副其实的弱势群体，不仅是生理上的，还是社会意义上的，双重的弱势，比其他弱者更弱。

价值结构变化

大变局中意义最深远的巨变是价值体系的变革。引领人类历史的近代欧洲大变局由蒸汽机启动，但真正深入人心从而改变社会的却是新思潮，是自由、平等、博爱、正义、人权、民主、科学等观念构成的价值体系。包括孝道在内的儒家价值体系在中国历史上也曾经起过这样的作用，它初成于春秋时代末期，这时的中国社会开始由奴隶制向封建制转型，儒家价值体系逐渐被民众普遍接受，成为塑造民族人格和建构社会形态的强大力量。然而新的终究要变成旧的，如今轮到传统价值体系被变革了，这是价值重建中必要的一步。

价值结构变化的高潮出现在五四时期。变革就是矫枉，用新眼光对现存的一切重新进行价值评估，以便在否定中树立新权威，而矫枉一定会过正，不过正不能矫枉，结果古老的中华文明被冲击得七零八落，首当其冲的就是孝道。革命首先是人的解放，而人的解放首先是观念的变革，所以那些自觉肩负起先知先觉重任的知识分子最时髦最大众的口号是个性解放，它的话语是走出封建大家庭，是抗拒家长权威，是独立自主——从人格到思想、到选择、到人生道路的彻头彻尾的自由，这就必须砸碎孝道的枷锁。那一代人尽管喝了不少洋墨水，但毕竟是靠着传统的奶汁长大的，又与农村有着千丝万缕的联系，所以虽然背叛了封建家庭，但父母还是认的，他们分得很清楚，与之必须划清界限的是一个阶级（地主、富农和资本家），而不是个人（父母），于是便有了毛泽东在父母墓前三鞠躬，说"前人辛苦，后人幸福"。1949年后，不少干部把身为剥削阶级成员的父母接进城里颐养天年，或者让他们留在原籍，按月寄钱回去，使他们的生活尽量过得好一些。当然，因为家庭出身，许多干部受到连累，但没有人对此耿耿于怀，它被当作既成事实接受下来，正如当时一句口号说的那样，出身不由己，道路可选择。只要政治上不出现失误，工作上没有差错，出身就不是问题。

"文化大革命"来了。思想革命化教育中成长起来的青少年更加激进，他们对领袖个人的忠诚远远超过对父母的孝敬，在"亲不亲，阶级分"的时代氛围中，出身成为决定一个人社会地位和前途命运的首要问题。"文化大革命"有千宗罪万般不好，最要命的是把父母子女关系的政治化推向极致。出身不好的人饱受歧视，不由得埋怨父母，当初为什么不选择革命道路？这些父母或者因为继承了祖上的田产做了地主、富农，或者因为开办工厂当上了资本家，或者为了别的什么进了旧政府、旧军队成为革命的对立面，或者由于与新政权发生冲突被扣上坏分子的帽子，或者出于种种原因给共产党和政府提意见被打成右派，所谓的地、富、反、坏、右；最冤的是那些知识分子和小业主之类，被认为没有投身革命就是没觉悟，就是有罪。正是由于父辈在政治上的错误选择或者麻木短视，造成了他们子女为其继续赎罪。随着歧视在入学、就业、婚姻、任用、提拔乃至生活上点点滴滴的显现，对父母的不满步步升级，由埋怨发展到争吵，由争吵上升至蔑视，由蔑视演化为仇恨，子女父母关系扭曲变形。有什么比亲生子女鄙视生其养其的父母更违反人性、更令人汗颜、更让人悔恨的事情呢？用当时的流行语言形容，孝道被打翻在地，又被踏上一只脚。

"文化大革命"结束了。终结的不是一场政治运动，而是一个激进的历史时期。这个时期过正的矫枉又被迅速纠正过来，父母子女关系得到修复，尽管有裂痕，但终于破镜重圆，孝道渐渐复苏。

然而没等孝道缓过劲儿来，迅猛发展的市场经济又给予一击。这一击是致命的，既不是当头一棒也不是拦腰一刀，而是斩草除根。这是大变局以来价值结构变化的第二个高潮，它来得更迅猛、更彻底。之所以这么说，是因为这次变革来自全新的生产方式和经济形态，而五四时期对传统价值体系的冲击，更多是思想意识上的反思，是用西学否定中学，那时新的生产方式尚未形成，所以尽管有摧枯拉朽之势，却无刨坟掘墓之功。这从以下这一事实即可得到验证，革命者们把孝道批得体无完肤，但在民间却没多大动静，老百姓该干吗还干吗。这回不同了，不是思想对思想，而是经济对思想，所以有着最广泛的社会基础，出头露面的是民众自己，他们用行动表态。

新的经济方式只认效益和利润，追求的只是财富，它的意识形态是物质化、工具化。物质化也叫物质主义，就是把一切——当然也包括父母子女关系在内——都打上物质利益的烙印。工具化也叫工具主义，就是把一切——当然也包括父母——都当作达到目的的手段。于是孟子最担心的事情，也就是把利害因素引入父母子女关系，终于在 2000 多年后的今天变成了现实。亲情之间的自然关系被物质利益解构了。

物质化是怎样扭曲父母子女关系的？这里有三个案例。第一例发生在北京市城里。两位老人接到一条短信，15 岁的孙子发来的。短信上说："你们把钱好好留着吧！等你们死的时候，买一个牛 × 的骨灰盒，钻石的。"原来，头天孙子来电话，说要参加一个训练篮球运动员的体校，学费一年 25000 元，让老两口出这笔钱。孙子学习不好，再说家里也拿不出这么多钱，所以爷爷奶奶没有同意，结果就收到了这么一条短信。第二例发生在北京市昌平区。那里有一家农户，四口人，父母加两个儿子。长子娶妻后，父母给两个儿子分家。家里共有 9 间房，前头三间新建房分给了长子，后头 6 间旧屋留给尚未成年的幼子。四个人按照习俗，在分家协议上签字按手印。后来幼子成家，占用其中 3 间屋，父母居住另外三间。几年后父亲去世，母亲由两个儿子赡养，轮流到两家吃饭。没多久矛盾出来了，长子拒绝供应母亲烟酒，说承担不起这种"高消费"，其实母亲两天吸一包烟，一天最多喝二两二锅头。其中的真正原因是长子认为分家不公，凭什么弟弟分了 6 间房而当哥哥的只分得 3 间？长子要求对父母居住的 3 间房屋重新进行分割，两个儿子一家一间半。母亲和弟弟都不同意，说有字据为证，定下的事不能改变。由于长子不尽孝道，被母亲告上法庭。长子不服，说哪怕告到最高法院，我也是这个态度，把我毙了最好，人们会说昌平一个老太太让法院把亲儿子毙了！第三例也发生在北京市，在朝阳区。一个人跑到派出所报案，说崔各庄乡善各庄村的一个院子里藏有非法烟花爆竹。派出所迅速出警，起获大量违禁品，事主黄某被当场抓获。搞清原委后，所有人都大吃一惊，举报人原来是黄某的亲儿子。他沉迷网络游戏，向母亲黄某要钱上网，遭到拒绝，还挨了一巴掌，为报复母亲，便想出了举报的阴招。前一例表达的情绪比较普遍，后两例反映的现象比较极端，都是因为物质要求没有得到满足而向老人发难。令人惊讶的是语言和行动的激烈程度。特别是后两个，一个恨不得拿自己的性命做赌注，让母亲背上骂名，一个不惜拿人格做代价，把母亲送进监狱。物质利益的力量竟然如此之大，亲情在它面前不堪一击。

显然，物质主义和工具主义的价值观是以自我为核心的。从前没有或很少发生这种现象，一个重要原因是价值体系中没有自我的位置。以生育为例，它是孝道的一项内容，人的生育不像动物那样是简单的繁殖后代，而是一种文化，一种传承。这一观念把血脉看成一根链条，个人只是链条上的一个环节。个人价值是在承接先人、传续后人这个关系中确立和体现的，也就是说，个人价值系于家族价值。这就是群体主义，这里无所谓个人的独立地位，也谈不上个人的世界，只有家族群体的需要和利益。用现代观念来衡量，这很不人道，很不人权，很可怜的角色，很值得同情。但当时的人并不这么认为，他们觉得很应该，很负责任，所以一定要生出男孩，上对得起祖先，下对得起儿孙，绝不能让祭祀的香火在自己手上断掉。一旦完成任务，续上香火，他们便很有成就，很光彩，很幸福。这种观念根深蒂固，即使在最极端的"文化大革命"时代也没有被破除掉，人们可以拆庙打碎佛像，甚至可以游斗宗族中的长辈，但没有人肯放弃传宗接代。国家各项政策的贯彻中，阻力最大、执行最难、矛盾最尖锐的就是计划生育。不要说农村了，就是在城里，有的干部宁可背上处分也要生第二胎。

现在变了。个体觉醒了，人们开始强调自我。这是一个模糊意识，很难说清楚，但有一点是肯定的，就是与群体相对立。具体到血脉关系上，就是把自己从链条上剥离出来，不再甘于做其中的一个环节，而要求人格独立，期望建立个人生活，企盼开拓属于自己的世界，也就是实现作为个体的个人价值。这是价值取向上的大翻转，自然要与建立在群体主义基础上的孝道发生激烈冲撞。冲撞的方式很多，物质化和工具化即是其中最普遍、最具时代特色的一种，因此是必然的，有其存在的道理。

需要强调的是，说物质化和工具化有一定合理性，并不意味着肯定这种社会现象，因为人类生活还有一个"应该"问题。我们不同于动物的一个根本特征，就在于我们知道去争取"应该"，从而去改变生活，创造历史，而动物只能被动地接受、适应上天安排的一切。

孝道的影响

　　尽管社会背景与文化氛围跟过去有了很大不同，但孝道仍旧在经济生活中、社会生活中、家庭生活中发挥作用。

家族企业

家族企业是世界现象，在所有国家发挥作用。世界著名大企业中家族企业占了相当大的比重。如从事金融业的摩根公司（美）、梅隆银行公司（美）、银瑞达公司（瑞典）、住友集团（日），汽车业的福特公司（美）、通用公司（美）、丰田汽车公司（日），食品饮料业的麦当劳公司（美）、可口可乐公司（美）、尤尼莱弗公司（英），零售业的沃尔玛公司（美）、比恩公司（美）、丸井百货（日），制造业的克拉普—帝森集团（德）、弗里德里希·克虏伯公司（德）、三菱重工（日）……这个名单可以一直列下去，长达上百。

家族企业就是家族兴建的经济组织，其资本以及经营都与家族息息相关。之所以叫家族是因为它的内容比家庭要宽泛，除了父子属性的企业外，还有建立在夫妻关系上的企业，它与父子企业的单姓氏不同，属于多姓氏。家族企业的主体常常是几个家庭，可能是血缘关系的兄弟姐妹家庭或堂兄弟姐妹家庭，也可能是姻亲关系的表兄弟姐妹家庭，还有可能是特殊关系的家庭，如恩亲、挚友、世交、结拜兄弟等被称为准家族的家庭。

家族企业的根本特征有两个，一个是家长制，一个是家族继承制。家长制主要表现在决策权和组织氛围上。家长是企业的最高当权者和领导者，从业务的各个环节到分配到人事，都由他一个人说了算。企业内部人际关系也是以他为核心的，不仅其子女，就是其他管理人员甚至普通职工也把他视为家长，尽管他们之间非亲非故。家族继承制是指企业的最高当权者由家族成员接班，一般由家长指定，也有由家族内部协商推举的。

家族企业特别适合儒家思想土壤。人们把受儒家传统影响较大的国家和地区称为中华文化圈，除中国本土和香港、澳门外，主要包括台湾地区、东南亚诸国和东北亚国家。由于儒家主张家庭（家族）本位，家族企业在中华文化圈得天独厚，数量众多，影响巨大。台湾的台塑集团（王永庆），香港的长江实业（集团）有限公司（李嘉诚）、环球航运集团（包玉刚），韩国的三星集团（李健熙）、现代集团（郑梦宪），日本的松下电器（松下幸之助）、索尼公司（盛田昭夫），新加坡的邱氏集团（邱德拔），泰国的正大集团（谢国民兄弟），菲律宾的亚洲世界集团（郑敏周），印度尼西亚的金光集团（黄奕聪），马来西亚的香格里拉集团（郭鹤年）等家族企业不仅在经济领域独领风骚，而且在社会政治生活中呼风唤雨。美国《国际先驱论坛报》2000年曾做过调查，1996年东南亚8家最大经济组织，家族企业占据6席；香港67%的上市公司由家族企业控股，总市值的35%掌握在15个家族手中，其价值相当于香港GDP的84%；马来西亚15个家族企业所占据的上市公司总市值比例相当于整个国家国内生产总值的76%；新加坡低一些，这个数字是48.3%。

中国内地的家族企业源远流长，明清时期著名的商帮晋商和徽商采取的都是家族经营模式。民国时期的蒋、宋、孔、陈四大家族也具有家族经济组织特征，是资本、实业与官僚政治相结合的怪胎。而民间实力较为雄厚的家族企业有张謇的大生系统，旗下企业超过20个；荣宗敬、荣德生的荣氏系统，拥有的企业多达40个以上；刘鸿生的刘氏系统，兴建的企业也有40多个。1949年后，家族企业在大陆消亡。20世纪80年代初，随着以改革开放为标志的社会转型进程，家族企业大量涌现，突飞猛进。家族企业有广义和狭义之分。广义指的是个人或家族拥有股权50%以上的企业，狭义指的是在此基础上个人或家族参与管理的企业。据2010年私营企业抽样调查，广义家族企业占私营企业总数的85.4%，超过560万户；狭义家族企业占55.5%，超过365万户，而私营企业已占我国内资企业总数的70%以上，这就是说，家族企业在数量上已经拥有了半壁江山。家族企业不仅数量多，规模也相当可观，2010年年底，中国的2063家A股上市公司中，36.9%的公司属于家族企业，其中包括刘氏兄弟的希望集团、茅理翔的方太集团、徐文荣的横店集团、周耀庭的红豆集团、李海仓的海鑫集团、马兴田夫妇的康美药业、潘广通的天通股份等。还有一类企业，虽然不属于私人，但采取家族式经营，如拥有8家上市公司的华西集团，名义上是村办企业，实际上由其创始人吴仁宝一家掌控，他共有5个子女，一个儿子担任村书记，三个是副书记，职务最低的也是党委委员。吴仁宝亲自掌管冶金业，其他主要企业交给大儿子和二儿子。由于家族企业发展旺盛，有学者称其为中国经济的"隐形发动机"。家族企业日益成为中国经济和政治生活中的一支重要力量。

家族企业之所以能够存在并得到发展壮大，在于它有一般企业难以企及的天生优势，主要表现在三个方面。

首先，上层可靠。办企业最怕的就是副手和部属背叛。被称为红顶商人的清末巨商胡雪岩，重金聘请理财高手宓（mì）本常做阜康钱庄总号的"大伙"，几乎把自己的银钱业务全部托付给了他。然而这个"大伙"竟利用老板的信任，借用胡雪岩的声誉和阜康的资金，做起了自己的生意。他偷偷调出资金，交给他的表弟经营南北货物，从中牟利，由于资金被大量挪用，当胡雪岩开发新项目需要动用资金时，他便从中作梗，捣乱破坏，直到把事情搅黄，错过有利时机。最后当胡雪岩事业陷入全面危机时，又是这个宓"大伙"，因处置失当，加速了钱庄挤兑风潮，成为压垮骆驼的最后那根稻草，致使胡雪岩一败涂地。假设为胡雪岩掌管钱庄的不是外人而是他的兄弟、儿子，这样的事情就不会发生。不是说亲人百分之百不出问题，但至少比外人靠得住，因为多了一份亲情。

与此相关的是运行成本。且不说宓本常这样的经理人员造成的经济、时机和信誉损失，就是预防措施所付出的代价也是不小的。曾经在当今世界掀起过几次金融风暴的大鳄索罗斯，瞧准了垃圾债券大王麦克·米尔被起诉所造成的这一业务出现真空的机会，打算乘虚而入。他物色了一批合伙人，他们曾经在垃圾债券大王手下干过，个个聪明能干，业务精通，生气勃勃，是进入这一领域的理想合作者。随着接触的深入，索罗斯发现这些人轻视道德，关键时刻靠不住，便及时刹车，放弃了与他们的合作。索罗斯团队中有位成员，私下在一项债券上投资 1000 万美元，赚到了钱，但索罗斯解除了与他的合作关系，因为这个人不诚实，背着别人干私活。真是步步设防，慎之又慎，成本就是这样提高的。

其次，凝聚力强。家族企业以家庭关系对待员工，而员工也以家庭成员的态度回报企业，上阵亲兄弟打仗父子兵，这样的企业少有竞争对手。清末晋商巨子太谷曹氏，在管理上采用掌柜（经理）负责制。作为企业所有者的财东只把握全局，不管日常事务，商号的经营管理完全托付给聘任的掌柜，掌柜聘用伙计开展各项业务，不仅经营由掌柜决断，人事、资金也均由其支配。掌柜把商号看成自己的，抛家舍业，一连数十年居住在商号，日夜操劳；伙计也都十分上心，想方设法把自己负责的事情做好。他们为什么这样卖力？秘密就在于东家把他们当自己人对待，实行人身入股，即所谓的"顶身股"，也是就员工以自身的人力资本加入曹氏企业这个"家"。商号大掌柜的人身股最高可达到 10 厘，也就是一股；二掌柜（协理）、三掌柜（襄理）依次为 8 厘、7 厘；伙友（够资格的活计）为 1 至 4 厘。假设年终红利为 1 万两白银，财东得六千两，大掌柜得一千两，伙友最少的可分一百两。员工虽然还不是企业所有者，但与企业的家族成员紧紧地绑在一起，同呼吸共命运。

企业亲情化不一定非得通过股权来实现，有时一些做法也能达到良好效果。香港实业界领袖、长江实业集团老板李嘉诚是从做塑胶花起家的，20 世纪五六十年代，李嘉诚利用香港劳动力资源丰富和价格低廉的优势，招募了一批工人生产塑胶花，挖到了第一桶金，到了 70 年代，塑胶花过时了，但李嘉诚还在生产这种产品。

这时李嘉诚的主业是房地产，有人给他算过，如果把生产塑胶花的资金投入到房地产，会赚取大得多的利润。后来塑胶花没人要了，李嘉诚才中止了这个项目。那些员工也老了，李嘉诚把他们安排到长江大厦工作，不管搞管理还是负责卫生，总之保证他们有件事做，有饭吃。李嘉诚说："一个企业就像一个大家庭，员工才是企业的功臣，他们理应得到这样的礼遇。现在他们老了，作为晚辈，就应该负起照顾他们的义务。"就这样，所有长江集团的员工乃至香港市民，都亲眼看到了李嘉诚是怎样把他的职工当作家人来对待的。

再次，运行通畅。企业是靠人的操作来运行的，然而用人的尺度很难掌握，过于集中，势必导致僵化，一旦放开，又容易造成失控。20世纪90年代中后期，香港老板吴少章接手广州一家国有电视机厂，更名"乐华"。他奉行用人不疑的宗旨，对集团下设的彩电、空调、手机、洗衣机等9个事业部的9大经理充分放权，允许他们像古代率军出征的大将那样可以先斩后奏。仅仅用了4个年头，集团年销售额就突破了30亿元人民币，一级子公司发展到38个，二级办事处80多个，销售和服务网点9000多个。在集团高速成长的同时，9大事业部也急剧膨胀起来，经理手握重权，把各自的部门建成了国中之国，分别掌控了集团的各项业务。每一部门都自成体系，销售和财务独立运作，既不向集团请示，互相之间也不沟通，吴老板被架空了。于是吴少章开始通过体制调整进行收权，一次不行，又进行了第二次。乐华陷入严重内耗，运行受阻，最后瓦解。

这个难题在家族企业比较容易解决，因为企业的利益就是家族的利益，是每一个成员的希望之所在，亲人之间没有根本利害的冲突。20世纪初，荣德生、荣敬宗兄弟与人合伙在无锡建厂，由于深感受制于其他股东，企业运行不畅，便退出企业，转赴上海创业，哥哥荣德生担任董事长，弟弟荣敬宗出任总经理。总经理全权负责公司运营，统一管理8个业务部门和各个工厂。企业实行家族式管理，60%以上的职员是无锡老乡，各厂的经理和副经理几乎都是荣氏兄弟的子女、亲属和好友。由于内部组织协调，荣氏集团迅速壮大，坐上了面粉和纺织这两大行业的头把交椅。

家族企业之所以具备这些优势，就在于它的根基扎在家庭，以亲情为养分，得以用古人齐家的方法来管理企业。齐家的要诀其实就是理顺两条线，一条是纵向的父子关系，一条是横向的兄弟关系，而依据的准则是以孝道为主的孝悌。下面我们就以作为家族企业根本特征之一的家长制为例，看看孝悌是如何发挥作用的。晋商太谷曹氏有兄弟7人，曹氏商号属于他们共有，但不能人人都是大老板，龙多不下雨，媳妇多了不做饭，如果大家都插手企业，势必造成混乱，是无法进行正常经营活动的。曹氏的办法是实行专东制，也就是在家族中选取最能干最有威望的一位成员做负责人，名为专东，意思是财东（资产所有者）中专门负责经营管理家族商号的人，或者说专权的人。专东全权处理商号事务，别人不得插手，即使其他财东发号施令，也没人听他的，只有当出现重大问题时，专东才招集财东们开会进行议决。在商号经营上服从专东的权威，就是尽孝悌，就是维护家族。

正如家族企业具有先天优势一样，它也不可避免地带有先天缺陷。譬如独断专行，任人唯亲，格局狭窄，人才退化，但这些都可以在企业自然运行中得到矫正。中国现在的家族企业是在改革开放的背景下成长壮大的，这就为学习西方提供了绝佳机会。与中国重私德、西方重公德相一致，中西家族企业一个最大差异是，中国重亲缘，过分看重家族利益，以自己为核心；西方重契约，强调符合社会要求，自觉接受法律和规范约束。中国家族企业要想做大做强，自立于世界之林，西方家族企业的长处是非学不可的。

文化红利

有一个词叫人口红利，说的是人口要素对经济利润、国家收益以及社会发展的贡献远远超过它自身的消耗。改革开放以来，中国的工业化和现代化是通过外资和内资两条腿走路而铺开的，外资之所以来中国，一个重要原因是劳动力便宜和素质高，这同样是内资具备较强国际竞争力的重要条件。然而中国为什么拥有这一优势？这就不能不到文化中寻找根源了。我们都知道，商品价格取决于供求关系，劳动力富余，其价格就低廉，而劳动力的富余又与人口的高出生率相关，这个高出生率实际上是"不孝有三，无后为大"的传统观念的产物。仅此就可以说，作为人口红利的经济现象其实是文化现象，它所带来的利益其实是文化红利。这里我们以家的意识为核心，看看文化是怎样创造"红利"的。

传统文化是一种以家庭为本位的文化，这不仅表现为以家庭为生活的中心，还表现为泛家庭主义，即按照家庭模式建构一切组织，从单位、学校、军营、企业、村落、社区、城市、地区到社会乃至全球，都被视为家。走在街上，见到老人，甭管认识不认识，也甭管是哪儿的人，对男性一律称爷爷，女性一律称奶奶（姥姥）；年纪稍大些，就喊大爷、伯伯、叔叔、大妈、婶子、姨姨；年纪相仿的，就叫大哥、兄弟、姐姐、妹子。进入单位，大家年龄差不多，都是兄弟姐妹，就叫李哥、张姐。见着同姓的人，便说是一家子。不同民族之间称兄弟民族，单位之间称兄弟单位，省与省之间就是兄弟省份。与外国城市结为友好，称姐妹城市。对无原则的逐利者，说他有奶便是娘。对失节者，便说认贼作父。这是对人，对物也是这样，北方的饺子、江南的年糕、内蒙古的手把肉、新疆的抓饭、中南的米粉，都被视为家味食品，是妈妈做的。有首歌叫《好大一个家》，唱道："从小盼着快长大，长大离开家，告别爸爸和妈妈，独自闯天涯。小小翅膀快长大，不怕风雨大，飞过千山和万水，哪里是我家？妈妈陪你去海角，爸爸陪你到天涯，相亲相爱走遍千里都一样，好大的一个家。"不管走到哪儿，只要不忘爸和妈，怀着一颗爱心，任何一个地方都是家。

所以中国式管理不像西方那样诉诸冰冷的规章制度，而是有着更多的人性热度。刘君，北京公交控股有限公司728路车队队长。她管着109辆双层客运车、473名员工，每天运送乘客平均81000人次。对于员工，她的施政方针是："以感情带队伍，让员工感受到车队大家庭般的温暖。"作为这个大家庭的老大姐，遇到艰苦工作，总是抢在最前面，节假日都在第一线度过，每个除夕夜她都守候到最后一班车回来，为晚归的司机和售票员端上一碗热气腾腾的饺子。

所以中国式经营不像西方那样倾心于求新求异，而是更注意历史传承，重视继承好传统、好作风、好工艺。北京同仁堂，中药老字号企业，其产品被誉为国药第一品牌。它有两件传家宝，一件叫药德，就是"以义取利，义利共生"的经营思想；一件叫技德，就是"炮制虽繁必不敢省人工，品味虽贵必不敢减物力"的制作原则。不管在什么时候，无论是近代还是现代，无论是计划经济时代还是市场经济时代，也不管在什么情况下，无论是市场饱和还是产品紧缺，同仁堂都坚持这两件传家宝，300年来始终不变。正因为这样，它才享誉中外，独步古今，发展成在境内外拥有两家上市公司的集科、工、贸为一体的大型企业集团。小企业也一样。北京有家老字号餐馆，老经理到年龄了，退休前选拔接班人，头一条就是要有敬畏传统的意识，沿袭餐馆菜肴的风味，因为只有这样才能保住百年招牌，保住客户群。这种经营方式可以说是"三年无改于父之道"的诠释。

所以中国式服务不像西方那样强调"顾客是上帝"，而是致力于营造家庭氛围。前者意在突出顾客的主体地位，树立起顾客绝对正确的理念；后者不论对错，也不论高低，把顾客当作家庭一员，要的是亲切劲儿——正如孔子评说楚国那位揭发父亲的人所表现出来的态度那样。五一劳动奖章获得者李素丽工作的公交车厢中最醒目的标志是"乘客之家"，她有数不清的荣誉称号，但她最看重的是乘客的评价："老百姓的亲闺女"。刘平，江苏南京供电公司客户服务中心主任助理，通过12年的一线服务实践，总结出一套行之有效的工作方法，起名"亲情服务法"，也就是从心里面真正把用户当作亲人，将这种感情融入到工作中。接待顾客，来有迎声，问有答声，走有送声；多问候一句，多沟通一下，多服务一点，多帮助一些，供求双方之间的关系就有了情分。刘平接待过的顾客数不清，办理了几千笔业务，没有一个客户表示过不满，再苛求的人在她的工作中也挑不出什么毛病。她的亲情服务收获了亲情，数十位用户老人认她做干女儿，这种信任是对她的最大褒奖。

所以中国式人际关系不像西方那样追求独立和保持距离，其最高境界是上升为亲情。天津市公安局红桥分局有位民警叫王书臣，还是在上小学的时候，有个同学叫张连喜，双腿有残疾，见同学行走不便，小小年纪的王书臣就开始背着张连喜上学。这一背就是10年，风雨无阻。王书臣从部队复员回来后，为了照料张连喜，搬到他家一起生活。张连喜所在的工厂倒闭了，王书臣想方设法找到一个摊位，出钱帮他做起了小买卖。几年后小摊经营不下去了，张连喜一家失去了生活来源。王书臣托一个熟人安排张连喜到他店里打工，那人得知对方身有残疾，犹豫了。王书臣说："看着他吃不上饭，我心里难受。"那人被感动了，收下了张连喜。后来，王书臣又帮张连喜找了对象成了家，结婚那天，是王书臣把新郎背进洞房的。从小学到成家，王书臣"背"了张连喜30多年，背出了亲情，同学成了亲人。即便是关系最密切的夫妻、情人，也需要将爱情升华为亲情，升上去了，关系就能保持下去，否则多半以分手告终。

这种泛家庭主义深入到每个中国人灵魂深处，成为一种民族共识，社会的和谐发展相当程度上是靠它维持的。这种意识平时不易察觉，人们常常忘记自己的民族身份，甚至因为成见而对一些事件冷漠到厌倦的程度。然而患难见真情，一旦发生灾难，这种天下一家的意识顷刻便被唤醒，爆发出巨大能量。汶川大地震中的国人表现就是一次彻底演示，无论是救助者还是被救助者都非常出色。

捐款近 600 亿元人民币固然能够说明问题，日夜奋战在救灾现场的军人和志愿者都是英雄，但最令人感动的是两个极其普通的农民。一位是绵阳人吴中明，地震发生后，他买了一箱矿泉水，骑上一辆小摩托车，跑了 100 多公里到达汶川，遇上交通管制，便把水扛到救灾现场。这个朴实的汉子很不好意思，因为跟堆积如山的救灾物资相比，他这一箱水实在太少了，而且还因为长途奔波口渴难耐被他喝掉一瓶。另一位是一个叫乐刘会的女孩，被压在废墟下 75 个小时。当救援的军人刨出一道缝，人们看到了一双美丽的大眼睛，非常冷静非常坚强，她说："我现在还活着，我很高兴。我希望大家不要为我担心，在里面我会自己保护自己的。你们来救我，我很感谢你们！"他们之所以让人落泪，是因为他们没有拿自己当外人，一位大老远地赶来，其实做不了什么，就是放不下心；一位在死亡的包围中静静守候着生命，坚信社会这个大家庭不会抛弃自己的女儿。因为他们不把自己当外人，所以大家也就不把他们当外人，亲情由此而碰撞，感动由此而生。汶川大地震为中国人对民族自我的认识提供了一次绝佳机会，极大提升了中国人的自信心。有这样一个家，任何灾祸都不在话下，无论是天灾还是人祸。这说的是大灾，小难也一样。2012 年初夏，杭州长运运输集团司机吴斌驾车奔驰在高速路上，被破窗而入的铁块击碎肝脏，他忍痛将车安全停稳，对乘客做出安排后才倒下，在最后时刻挽救了全车人的生命。吴斌牺牲了，杭州市民自发为他送行，人群中有一位 76 岁的老人骆生福，他说自己这些天一直看有关吴斌的报道，"觉得吴斌就像自己的家人"。正是在家的意识的基础上，中国劳动者展示出了品质上的高素质，"人口红利"也才具有了实际价值。

排在第一位的是大局观。社会转型以来，民众做出了巨大牺牲，其中震动最大的是企业职工下岗和农民承受沉重税费。高峰年不说，被称为共和国长子的国有企业，每年下岗职工都保持在500万人以上。以三口之家计算，500万涉及至少1000多万人。这是个什么概念？北欧强国瑞典的人口不到900万，这意味着瑞典所有劳动力都失去工作，所有家庭都陷入贫困。中国税负的沉重是出了名的，尤以农民的压力最大，所谓的以农补工、以农补政，工业的发展资金以及政府的开支相当一部分取自农业和农民。江西南部含水村农民叶细妹，一家三口人，一个劳动力，种稻四亩，2002年上交税费252元，这种情况持续了10年之久，以至于农民到了无法承受的地步（见郭亮：《走出祖荫》）。西方人对中国人的忍耐力常常难以理解，类似的情况放在别的国家，早就出乱子了，但在中国，人们不过发发牢骚，骂上几句，最激烈的也就是到政府上访，不管问题解决没解决，该干吗照样干吗。他们不知道，在中国人意识深处，国就是放大了的家，这个家曾经平均地权，使耕者有其田，曾经赎买和兴办大量厂矿，使劳动者有工可做，从而使人民当家做主，所以即使自己受到了不公正对待，家里出了诸如腐败分子、无良商人、黑恶势力等败类，意见归意见，恨归恨，但总不能因此就把家拆了。这里不妨比一比同样经历社会转型的苏联和南斯拉夫。苏联解体，分化成15个独立国家，从能与美国抗衡的超级大国沦为二流国家。南斯拉夫分裂，陷入民族冲突和内战，1991年至1993年，导致3.5万人死亡，造成300万难民。与它们比，中国的稳定有序转型简直是奇迹。人们历数改革开放以来的成就，把经济发展列在首位，其实最大的成功是平稳过渡，这里有传统文化一份功劳。

排在第二位的是奉献观。也就是鲁迅先生说的奶牛精神，吃的是草挤出的是奶，不讲价钱，埋头做工，为他人、群体、国家付出无私贡献。袁隆平，当他还是湖南一名普通的农业科技人员的时候，就培育出了杂交水稻。他几十年如一日，矢志不渝，默默工作。当初他选择这个项目，许多人劝他不要自讨苦吃，他说，为了大家不再饿肚子，我心甘情愿吃这个苦。20世纪90年代，美国学者布朗预言，21世纪30年代，中国人口将达到16亿，届时谁来养活中国？袁隆平这样回应："中国完全能解决自己的吃饭问题，中国还能帮助世界人民解决吃饭问题。"袁隆平的成果在中国推广，每年增产的稻谷可以养活7000多万人，这个数字相当于全世界每年新出生人口的总和（2011年中国出生人口为1604万）。现在，杂交稻已经推广到全球30多个国家，种植面积达到3000多万亩。人们说，袁隆平用一粒种子改变了世界。农民称他是"米菩萨""神农帝"，每逢他进村子，农民都要燃放事先准备好的鞭炮，以最高礼遇向他致敬。一位网友留言：他让我们吃饱了饭。我们常常引以为豪，说中国用世界上7%的耕地养活了占世界22%的人口，然而我们想过没有，这里面有袁隆平多少贡献！他的成果不仅让中国人可以敞开了吃白米饭，还填饱了其他国家不少人的肚子。毫不夸张地说，袁隆平是当代中国乃至当代世界最伟大的人。这样一个人即使成为中国首富、世界首富也一点不过分，然而2009年他的年收入才 30 多万元（月工资 6000 余元，其他为股份分红、稿费、咨询费等）。学术地位也不算高，那么大的成就，竟然落选中国科学院院士，1995 年才当选中国工程院院士。荣誉来得也晚一些，2007 年获"全国敬业奉献道德模范"称号。他不感到委屈，没有怨言，农民般质朴的脸上永远挂着真挚的笑，从里到外都洋溢着明朗，像一束阳光。曾有人问他落选科学院院士的感想，他的回答是自己从来就没有过为了评上院士而工作的意识。袁隆平，大家庭中真正的长子，为上解忧为下造福，用消瘦的肩膀扛起整个家。

排在第三位的是忠诚。中国人的忠诚是全方位的，把对自己的家、家事以及亲人的忠诚推广到社会大家庭，爱国、尊友、敬业。"对内我代表首都，对外我代表中国。"这是北京窗口行业的一句流行语，李素丽就是这样去践行的。她常说，国内外乘客下了火车，接受北京的第一次服务，可能就是我这个售票员，服务的好坏直接关系到首都的声誉和中国的形象，我一定要让他们从一开始就享受到北京人的美好服务。话不多，爱国、尊友、敬业都包括了，从 1990 年开始，李素丽连续 4 年被评为北京市"爱国立功标兵"。李桓英，一位医学教授，用自己的行动诠释了爱国和敬业精神。1950 年她成为联合国世界卫生组织首批官员，1958 年该组织提出与她续签 5 年合同的聘任，她谢绝了，说："我的祖国现在虽然一穷二白，百废待举，医疗事业更是急需发展，我身为她的女儿理应尽微薄之力。"毅然回到中国。当时我国有些地方长期受麻风病困扰，李桓英选择麻风病作为课题。她深入到西双版纳勐腊境内的麻风病村寨，前后共达十余年，"文革"中还被下放到苏北麻风村，作为一名医生，她从来没有厌弃过麻风病患者，与他们握手甚至拥抱，鼓励他们战胜疾病的信心，要知道麻风病有很强的传染性，李桓英是中国防止麻风病史上与患者零距离接触的第一人。经过这种充满了牺牲精神的长期努力，李桓英终于总结出一套实用有效的防治方法和方案，在全国取得了显著成绩，有上万名患者痊愈，复发率远远低于世界标准。世界卫生组织官员的评价是："全世界麻风病防治现场工作，你是做得最好的。"

排在第四位的是纪律观。儒家尊礼，通俗地说，礼就是规矩，所谓家有家规，国有国法。由于长期受礼制思想熏陶，中国人有很强的服从性。青岛港前湾集装箱码头公司的许振超，在担任桥吊队的队长时，实行的治队原则就是"严管厚爱"。厚爱体现的是亲情，严管就是严格按照规章制度来管理。为了拿出一套科学而又有效的队规，许振超找来交通部和青岛港有关各种设备的管理标准，参照《质量管理导则》，结合桥吊队的实际情况，一条一条地琢磨，一共制定了包括26个大项、160个小项在内的规章制度，仅一项设备管理就有26条细则，厚30多页，细致到连夜间取个扳手都有操作程序。许振超对工作的严格要求是出了名的，譬如清理桥吊轨道中的泥沙，虽然不是什么大活，但他毫不放松，一遍不合格就做两遍，两遍还不干净就做三遍，一遍遍下来，直到完全符合标准为止。由于严格执行纪律，许振超及其团队创造了6次打破集装箱装卸世界纪录的奇迹。

以上四项品质决定了中国的劳动者是世界上最理想、最优秀的劳动者，正是靠着这样的人力资源，才有今天经济总量突进到世界第二位的中国，民族复兴也才指日可待。而这一切都与祖先创造的包括孝道在内的家的文化意识分不开，这就是文化红利，它几乎不消耗什么，而带来的效益却难以估量。

这里仅仅从家的意识角度谈文化贡献，如果扩展考察角度，意义更为深远。我们不妨做一个简单类比。袁隆平先生培育的杂交稻，亩产已经突破 1000 公斤，而且非常好吃，而野生稻的产量不及杂交稻的十分之一，味道也差得多，原因在哪里？就在于生长环境变了，野生稻是自然生长的，而杂交稻是科学栽培的。人类也一样，从动物界中升华出来后，便摆脱了纯粹的自然环境，在自己独特的环境中生存、发展，这个环境就是文化。中国传统文化就是中华民族成长的特殊环境，过去、现在乃至未来的所有成果，可以说都是这一文化的产物。

亲子之情

亲，双亲；子，子女。亲子之情就是父母与子女之间的深情。中国人重情义，特别看重亲子之情，这在儒家思想中得到了充分体现。按照儒家思路，道生于情，各种道理、准则、规范都是情感的理性提升，孝道就是亲子之情的升华。这就告诉我们，只要亲子之情还存在，以父慈子孝为基本精神的孝道就不会消亡，就一定继续在人们的生活中发挥作用。

先看父母对子女的爱。父母爱子女是人类共通的，然而大约没有哪一个民族像中国人这样对子女倾注了如此多的心血、精力、护佑、财力和劳累的了。下面这三件事可窥一斑。

一件发生在汶川大地震中。救援队从废墟中发现一个女人，她双膝和两手撑地，上身弯曲，身子在砖石的重压下已经变形。人们叫她，没有回答；用手碰她，没有反应，显然已经死了。救援人员离开这里，去抢救别人。走到下一个废墟，队长突然反应过来，带领队员返回。队长趴在地上，用力伸进手，在女人身下摸索。猛地，他的手停住了，叫道：有个孩子，还活着！人们小心清理掉砖石，女人的身躯渐渐显露出来，下面是一个红底黄花的小被子裹成的包袱。孩子就包在里面，只有三四个月大，睡得很安稳，天塌地陷竟然没能惊动他——妈妈在最后一刻用自己的全部生命撑起了一个小小的庇护所。人们在小被子里找到一部手机，屏幕上有一条短信，是年轻妈妈留给孩子最后的话："亲爱的宝贝，如果你能活着，一定要记住'我爱你'。"为了孩子，母亲毫不犹豫地献出了生命。

一件发生在 2007 年 5 月 12 日的母亲节。西安第四军医大学唐都医院礼堂来了 7 位妈妈，她们从不同地方赶来，有的来自山西，有的家住甘肃，还有陕西当地的，但她们做了同一件事，就是把自己的一只肾脏移植给了儿子，今天医院把她们请回来，跟康复中的儿子们一起过节。儿子们献上一捧鲜花，抱住母亲痛哭，感谢面前这个平凡的女人给了自己第二次生命。铜川 18 岁男孩臧楠对妈妈刘秀云说：我是不幸的，每天要面对病痛的折磨；可我又是幸运的，因为有一直疼爱我的父母。而母亲们的回答全都一样：为儿子捐肾是我应该做的，儿子的健康快乐，就是对我的最大回报。为了孩子，母亲毫不犹豫地献出了身体。

一件发生在眼下。有个群落叫"背奶妈妈"，也叫"背奶族"，清一色的 80 后女性。所谓背奶，指的是妈妈在上班时候采集自己的乳汁保存下来，下班带回家喂养宝宝。她们有一套专门装备，包括一个小冰箱、一个冰包、一部电动吸奶器、两只奶瓶、一打储奶袋，上班必带的是消过毒的吸奶器和冰包。这些年轻妈妈响应联合国儿童基金会的倡议，坚持用母乳喂养下一代，有的计划喂到一岁半，还有打算喂养 2 年的。"背奶族"有自己的网站，妈妈们经常在网上交流，遇到问题和困难，还可以得到其他妈妈的帮助。"背奶族"的队伍日益壮大，有多少成员说不准，据淘宝网统计，2011

年仅网购吸奶器的人数即超过 35 万。尽管很辛苦，但妈妈们很幸福，看着孩子在自己奶汁的哺育下一天天健康长大，她们非常欣慰。为了孩子，母亲毫不犹豫地献出了生活。

不是说西方父母不能为孩子献出生命、身体和生活，而是说中国的父母任何时候任何情况下都把自己与子女视为一体，因此更坚决、更无私、更接近本能。

最能表现中国特色的恐怕是"望子成龙"了。这一直是社会热门话题，对错不论，只说这份可怜父母心。中国社会科学院发布的 2011 年《社会心态蓝皮书》指出，当代中国人生活充满活力，蓬勃向上，其动力有 9 个，依强度排序，列第一位的赫然是"子女发展期望"，就是俗话说的望子成龙。排在第二位的是"个人利益追求"，第三是"家庭幸福"，接下来的分别是"人际优势""一生平安""做好本分""实现自我价值""社会贡献""生活情趣"。从这个顺序可以看出，在国人心目中，子女的地位在个人自己之上，在家庭之上，在他人和社会之上，支撑人们生活希望、决定人们生活意义的是子女的未来。就是说，中国的父母不仅要为孩子的养育忙碌，更要为他们的前程劳心劳力。西方人也为子女操劳，但绝到不了这个份儿上，他们强调个体，看重自我，是不会把别人——哪怕这个人是自己的亲骨肉——作为自己生活或生命的核心的。

望子成龙是中国普遍现象，跟家长受教育程度无关。北京密云有个小山村叫蚂蟥峪，村里有对夫妻，男人叫刘显友，女人叫窦中兰，他们生了三个儿子。男人病倒了，生活的重担一下子压在了女人身上，她决心自己撑起这个家，不仅活下去，而且要活出个样，给丈夫治好病，让儿子们成才。于是她做起了豆腐生意。她起得比打鸣的公鸡还早，当人们揉着眼睛起身时，已经能听到她的叫卖声了。做豆腐，卖豆腐，走山路，过冰河，都是她一人，再难也没有让儿子退学当帮手。这一干就是 10 年，终于治好了丈夫的病，供养出了三个儿子。大儿子刘海波北大毕业后被推荐到美国斯坦福大学攻读博士，另外两个儿子一个在密云一家企业上班，一个在西安读本科。在村人眼里，窦中兰是一位了不起的母亲，三个儿子一个比一个棒。儿子，这就是窦中兰单薄身体中取之不尽用之不竭的力量，这个力量改变的不只是儿子们的前途，也包括她自己的命运。

大慈爱造就大孝敬，对这样的家长，儿子怎么能不敬爱呢？这就是我们要接下来说的子女对父母的爱。刘海波挨过打，他向母亲要 1 毛钱买笔，却被他偷换成了一根冰棍，结果被窦中兰一脚踢倒，跟着又加上几脚。刘海波考上北大，母亲连夜缝了一条褥子，父亲拿铁皮卷了一只脸盆，外加一顶军帽和一个旧木箱，这就是家里所能给他的全部东西。但刘海波心中没有一点阴影，他深深地感激父母，把两位老人接到美国住了将近 1 年，要不是他们乡愁太重，儿子是不会放他们走的。刘海波说：我的母亲个子不高，肩膀也不宽，但她挑过的担子，吃过的苦，让我永远忘不了，是她给了我动力。

还有个来自哈尔滨的名叫万代远的南开学子，刚刚进入校门 26 天，母亲病倒住院。他知道家里穷，很难凑足住院费，便毅然退学，领回 5000 元学费。他对同学们说：妈妈为我操劳半生，现在生命垂危，我要尽儿子所能去挽救母亲的生命。如果回天无力，我也要尽孝到母亲离开人间。靠这笔钱，妈妈得救了。哈尔滨师大附中听说了万代远的事情，免费收他复读，他一边照顾母亲一边复习，第二次参加高考，高分被北京师范大学中文系录取。

这种对父母生活上的关爱尚属表层，它的后面是精神上的依赖，孟子说的舜到了 50 岁还依恋父母指的就是这个意思。纽约国际电影电视节"最佳新闻类节目主持人"大奖获得者、凤凰卫视主播胡一虎出了一本题为《我是谁》的书，描述了他与父亲间的深情。胡父是一位台湾老兵，胡一虎是 5 个孩子中最小的，在高雄眷村十几平方米的小屋里长大，虽然穷，但一家其乐融融，很幸福。儿子最喜欢坐在父亲摩托车的后面，每次遇到红灯，父亲都把车停在路旁树荫下，尽管这里离路口还有一段距离，为的是不让毒日头晒着儿子。书中说："父亲是我的精神支柱，是我的本垒。"父亲去世后，胡一虎从高雄老家取来父亲的一件衣服，时刻带在身边，说正是借父亲的底气，甚至穿着父亲的衣服，才敢继续做职业游戏。他写道："高雄、台北、纽约、香港、北京。父亲的手与目光，片刻不舍远离我。直到今天，我这个还在路上的孩子，我这个已习惯了父亲牵我上场的孩子，转过头，父亲仿佛就在那里。"

这种精神上的一体化有着多种表现形式。马兰村是河北阜平县的一个小山村，抗日战争时这里是根据地的晋察冀日报社所在地，1943 年日寇大扫荡，残忍杀害了 19 位不肯透露情报的村民。2003 年，小山村来了一个北京人，她叫邓小兰，是晋察冀日报社社长邓拓的长女，看到这里如此贫困和闭塞，她决心用自己擅长的音乐来增加孩子们的生活乐趣，提高他们的眼界和文化素质。她凑钱建起音乐教室，买来乐器，定期给孩子们上音乐课。她一趟一趟地跑，从北京到马兰村都是乘坐长途公交车，8年来的路程足够绕赤道一圈半。学生们喜欢她，说她像自家奶奶。正是在这里，在乡亲中间，邓小兰与父亲相遇。

与邓小兰相似的是广东的一个企业家。他从小被人收养，得知父母不是亲生的，很受打击。一次跟同学打架，挨了养父一顿暴打，负气离家出走，要过饭，做过零工，后来被广州一位老板收留。他头脑活泛，通过销售提成挣了300万，独立建厂做食品生意积累了2000万。这时距他离家出走已经过去了20年。他越来越思念养父母，觉得没有他们自己根本活不下去。于是他回到家乡，然而双亲已经去世，妹妹也不知嫁到了何方。他悔恨极了，卖掉了广州的企业，在家乡建厂。他再也不走了，就在这块土地上陪伴二老，等着妹妹也许有一天归来。

下面这个故事有几分传奇。江西上饶县旭日镇有个干部叫郑宜栋，1943年，做榨油生意的父亲和哥哥被乡长开枪打死，留下一笔收购原料的债务，债主多达106人。1989年郑宜栋退休，孩子都已成家立业，没有了家庭负担，他开始着手偿还45年前那笔债。用了7年时间，郑宜栋攒够了钱，按照账本所记，如数买了茶油，又带上1万余元，赶往当年父亲油坊所在地上饶黄沙岭还债。他一家一家地问，9天跑了一百余家，很多债主已然过世，他就把钱物交给他们的后人。有一户债主的欠款是一角钱，郑宜栋去了他家5次，都没找到人，便把1元钱从门缝塞了进去。2008年，他发现了一个问题，1949年前的秤是16两标准，现在是10两标准，算一算少还了，于是第二次到黄沙岭，把不足的补齐。郑宜栋还的是钱物，体现的是与父亲的一脉相袭。

　　总之，我们看到，无论是父慈还是子孝，都不仅仅是一种传统，还是一个事实。今天处于大变局中的中国人，尽管社会背景与文化氛围跟过去有了很大不同，但父母仍旧需要在子女身上寄托爱，子女也仍旧需要在父母身上回应爱。这是生命的本能，由中华民族的文化基因甚至是生理基因所决定，是一种天命。这就意味着，我们的生活依然离不开孝道。

我们应该做什么

要义

从理应如此的视角看问题，必须对当今支配我们生活的坐标做出调整，在价值取向上朝亲情倾斜，诉求取向上朝老年人倾斜，实体取向上朝社会倾斜。

价值取向

哲学把应该叫应然性，与表示现实的实然性相对应。二者都是必然的，后者已然实现，就摆在我们面前，并且按照它固有的轨迹运行、发展。应然不同，它着眼的是理性，从事物理应如此出发，做出判断，为其理想发展指出方向，由此调整、矫正现实生活坐标。离开了应该，我们的生活就会失去希望，变得暗淡无光，我们就会日渐沉沦，麻木不仁，最终变成现实的仆役。

父母子女关系的物质化、工具化就是一种实然，尽管符合现实潮流，有着经济社会方面的基础，但没人对它满意，因为它改变了父母子女关系的本性，夺走了人与生俱来的天伦之乐，使人不愉快，不幸福，使人没有尊严，就是说它是不应该的。那么我们应该怎么办呢？

形象地说，人生道路其实是在两个价值上行走，一个属于自我，也就是自我价值；一个系于自我之外的目标，可以叫社会价值。自我价值表达的是自己对自己的设计，满足的是我对自己的要求，比方说，我想做一个年薪20万元的软件工程师，在城里有独立住房，做到了这一点，就实现了自我价值，完成了自我肯定。社会价值表达的是个人的社会定位，把自己的生活、命运与群体意志联系在一起。人们通常把这种意志称为信仰，它可以是祖先、亲人、佛祖、上帝、共产主义、民族复兴、社会公正、职业信念、为人民服务、希望工程等，总之是超出了自我而设立的目标。许多人做志愿者，就是希望通过为社会无偿服务建立信念，实现自己的社会价值，得到群体的肯定。生活如同演戏。表演理论讲第一自我和第二自我，第一自我指剧中角色，第二自我指演员自己。角色相当于我们这里说的社会价值，演员相当于自我价值。登上舞台，如果演员过于投入角色，就会失去自己的特点而陷于千篇一律；如果过于突出自己，就会脱离角色要求而不伦不类。人生的大舞台也是这个道理，自我价值和社会价值不可偏废于一。有自我价值的推动，社会价值的支撑，人们的生活之路才能走得更稳健，收获更丰富，感觉更幸福。如果只是强调一种价值，无论是社会价值还是自我价值，打破价值平衡，生活都会扭曲变形。

北京有对小情侣，女方姓于，在一家公司做白领，因为工作压力太大，经常跟男友发火。这天中午，以一件小事为由头，于小姐又闹了起来，男友负气离开。于小姐电话追过去，才知道他已经到了机场，准备离京去外地，电话里两人又吵了起来。这时男方以飞机即将起飞为由，关闭了手机。架刚吵了一半，怎么就关机了？于小姐大怒，便拨打110报警，举报这架飞机上有炸弹。警方立即通知停止起飞，出动警力198人，车辆22台，警犬4条，排爆设备6部，对这架飞机以及200多名乘客进行全面细致检查，忙活好几个小时，当然什么也没发现，虚惊一场。事后警方拘捕了于小姐。她说自己之所以这么做，是为了使航班延迟起飞，这样他的男友就可以打开手机，"把架吵完"。她还说，自己是一个精英，在外资公司有一份满意的职务，收入丰厚，曾因工作出色被派往美国，根本没有想过自己的行为会给他人和社会造成负面影响。朝阳法院以编造虚假恐怖信息罪判处于小姐有期徒刑 10 个月。在于小姐那里，只有自己的感受，不知道别人的感受。还有一个故事，说的是一对母子。一位单身母亲带着儿子生活，本来就够难的，后来下了岗，生活越发艰难。再苦不能苦孩子，她把仅有的一点钱都用在了儿子身上。一天，她咬咬牙，买了半斤虾，大约有 10 只，烧好后端给儿子。她很久没吃这种美食了，忍不住吃了一只。儿子勃然大怒，命令她"吐出来！"在儿子那里，满足自己的物质欲望是唯一的，根本没有母亲的位置。我们看到，在这两个人身上，只有自我而没有群体、他人，一头沉，价值坐标处于失衡状态。

保持价值平衡并不意味着两种价值各行其是，事实上自我价值常常与社会价值联系在一起，自我价值嵌入社会价值，社会价值渗透自我价值——就像表演理论讲的那样，演员必须进入角色——正是如此，自我价值的实现才有保证，才更有意义，也才能够不断增值。雷锋说的"把有限的生命投入到无限的为人民服务之中去"，就包含了这层意思在里面。之所以如此，是因为自我价值只属于个人自己，虽然个性十足，但却是狭窄的、暂时的，而社会价值在空间上更广大，在时间上更长久，具有无限性和终极性。袁隆平就是这样做的，他把培养杂交稻的事业与人民吃饱饭的需要连为一体，得到了农民的欢迎和国家的支持，没有这个态度，他的杂交稻就是搞出来，也无法推广，当然也就谈不上自我价值的实现。由于他树立起了让人民吃饱饭这个大目标，突破一个接着一个，最初是亩产500公斤，这已经是奇迹了，但他没有停下来，继续试验，接着是600公斤、700公斤……2011年达到1000公斤。这是什么概念？一亩地足以养活4个成年人！也正是因为他的心思都集中在这样一个伟大事业和终极目标上，他根本不在意个人的收入和地位，不在意别人的说长道短，活得十分快乐，与当前普遍存在和蔓延的焦虑感、失落感形成鲜明对照。

这种痛苦情绪多半跟价值观上的迷失有关，不只缺少社会价值，也缺少自我价值——真正的自我价值，即嵌入社会价值的自我价值。所以没有富起来的人、失败者不幸福，富起来的人、成功人士也不幸福。这种迷失是怎样造成的呢？来自人们社会定位的改变。在前人那里，个人是血脉链条上的一个环节，家族整体中的一个部分，传统价值体系就是根据这个定位确立个人责任的，人应该做什么、能够做什么，规定非常明确。清末和民国初年，战乱频繁，政权更迭，晋商受到牵累，许多钱庄和商号歇业、破产，太谷曹氏也不能幸免。1917年，它在俄国莫斯科和蒙古库伦等地的业务经营不下去了，决定撤回，几个商号总共拖欠合作伙伴白银80多万两，利息20多万两。这时曹氏已经很困难了，如果宣布这些商号破产，这一大笔欠银就成了坏账，别人也说不出什么。但曹氏并没有这么做，而是通过向山西银行借贷，连本带利还清了欠款，然后才撤回来。为此曹氏付出了极大代价，其家族第四大商号被生生拖垮。他们不能不这样做，在他们观念里，自己这一代可以没本事，但不能没信誉，不能丢祖宗的脸，丢家族的脸，所以这时候别说要钱了，就是要命也给。现在不同了，人们把自己从这一链条上、整体上解脱出来，追求人格独立，强调自我以及个人奋斗。因为社会定位变了，从前的价值形态当然也就不再适应个人，但又没有新规范及时补位，这种价值上的缺位叫"失范"。由于找不到相应的规范，人们茫然失措，不知如何是好，当然也就无法做出明确的价值评判。失范是任何一种社会变革都必须经历的过程。显然，要克服迷失状态，提高人们的幸福感，端正个人行为和社会行为，必须建构正确的价值体系，树立核心价值观。亲情就是这样一种价值取向。

亲，亲人；情，感情。感情属于非理性，与盘算利害之类的理智格格不入，亲情就是亲人间天然的纯粹感情。它不仅仅限于家庭，可以推广、移植到社会。亲情属于社会价值，它超出个人，发轫于亲人间，扩展到社会上。以亲情为价值取向，就是将亲人般的纯粹感情确立为价值体系坐标上的一个节点，使之成为人们行为依据的一个主导，成为个人评价和社会评价标准的一个主导。

以亲情为价值取向能够净化我们的生活，帮助我们找回失落的幸福。

首先，从个人来说，亲情可以净化自我。林鸣，《中国质量报》高级记者，偶然中得知一位叫吴向玉的贵州侗族女孩因家贫辍学，便主动承担起她的学费，前后坚持了 12 个年头。林鸣对吴向玉的关怀是全方位的，思想和感情上的交流始终不断，往来书信 300 封，经济上的资助反倒降为其次。两人虽然一直没有见面，但彼此感受到了父女情深，于是女孩改口用侗语喊林鸣"普"（父亲），林鸣叫她"拉绵"（女儿）。就这样，林鸣超出了自我，走进吴向玉的生活，而吴向玉同样超出了自我，走进林鸣的生活，亲情为自我价值进入社会价值提供了一个平台。吴向玉成了林鸣一家的牵挂，始终记着他们在贵州还有一个亲人。女孩考上贵州一所大学后，林鸣夫妇前往贵州看望吴向玉一家，对方感激之情难以表达。林鸣叮嘱道：永远不要对我心存感恩，反过来我应该感激你，是你的善良、勤奋和纯洁净化了我，鼓励了我。林鸣的书房中挂着一副题为"女儿"的以吴向玉为模特的油画，每当自己沮丧和浮躁时，画中人那双无助而满怀期冀的眼睛就会触动他的心灵，唤起他的责任意识，使他体会到生活的意义。林鸣说：是吴向玉让我变得沉静实在，淡泊物欲，变得像个真实的人。这就是亲情带给个人的幸福，它提高了个人对幸福的认知，增大了幸福空间。

其次，从家庭来说，亲情可以净化父母子女关系。这种关系本来是自然纯粹的，也应该是自然纯粹的，古人以"亲"来概括它，说"父子有亲"（《孟子·滕文公上》），父子之间相亲相爱。这才是家庭关系的本原、本质。然而在商品经济大潮中，父母子女关系遭到侵蚀，被物质化和工具化，使本来是幸福之地的家庭弱化甚至失去了提供幸福的功能，酿成了我们这个时代最大的悲剧之一。所谓的"富二代""官二代""拼爹"就是这一悲剧的体现，它一而再、再而三地昭示，来自父母的财富和权力对子女有多么重要，以此来造就物质化、工具化的价值取向。其结果是亲人的价值日益脱离感情基础，被无情地置于利益之上，由能够多大程度上满足子女个人的物质欲望来衡量。这种情况不能继续下去了，失去对亲情的信仰，不只家庭危险，就是民族、国家也危险。所以必须重建价值，向亲情倾斜，以此荡涤父母子女关系中的污泥浊水，使其复位。这并不意味着主张彻底去除利益因素，事实上这是根本办不到的，因为物质化和工具化是时代的产物，是商品经济的意识形态。我们应该做的是，以亲情矫正当前的父母子女关系，降低利益的影响，增加感情的比重，提高自然的纯度和人性的热度。

再次，从社会来说，亲情可以净化人与人之间的关系。今天人们的不幸福感，相当一部分来自严酷的竞争以及由此造成的冷漠、猜忌和戒备的人际关系，它使人不舒服，增加职场和生活的压力，所以人们比以往任何时候都更加需要真情。前面提到的诸如"以感情带队伍""亲情服务法"，就是这种需要的折射，也因此才能够取得良好效益和受到广泛欢迎。一个组织中，竞争之外再加上些亲人般的关怀，一次交易中，金钱之外再加上些亲人般的往来，无疑会使人感到安慰，缩短人与人之间的距离，事情就会好办得多。

总之我们应该在价值取向上朝亲情倾斜。这不是空乏的理想，而是有着可靠的基础。这么说，不只是因为亲情是一种强大传统——孟子认为所谓仁爱其实就是爱亲人，说："亲亲，仁也。"（《孟子·尽心上》）——还是因为正如前面论证过的那样，尽管时代不同了，但亲情仍旧在经济社会的发展中发挥作用，在人们的现实生活中发挥作用。有人对亲情在中国人生命中的地位曾做过这样提示：西方人遭遇意外，惊呼"上帝"，把自己与上帝相联系；中国人面对同样情景，口中叫的是"妈呀"，把自己与亲人相联系。在中国人心目中，亲情重于一切，就是我们的上帝。

向亲情倾斜意味着加强和提升孝道。前面说过，孝道作为一种意识形态和普遍规则早已崩塌，特别是父权，除了在家族企业中尚能看到它的影子外，在现代普通家庭已然消失殆尽。应该得到加强和提升的只是留下的东西，是感情生活和实际生活需要的东西，比如父慈子孝，比如敬老尊贤，比如报恩，等等。这方面我们应该认真学习台湾。20世纪70—80年代，台湾也出现了对传统的反思，但人们想的不是去批判什么，推翻什么，清除什么，而是关注怎样从中挖掘出新东西，怎样做出新解读，从而使传统更好地为今天服务。

诉求取向

以生命阶段分，人口由儿童、少年、青年、壮年和老年构成，每一阶段上的人们都有自己独特的社会诉求。老年人已经进入生命的最后阶段，生理上处于弱势，已经退出劳动者和创造者的行列，社会地位上也处于弱势。这两个弱势决定了老年人的诉求呼声最为微弱，很容易被忽略掉，所以应该特别关注老年人诉求。

我们来看 3 组数据。

第一组数据。联合国规定，一个地区 60 岁以上的老人占到总人口的 10%，便是老龄社会；之后联合国修正了这个标准，把年龄提高到 65 岁，比列下降到 7%。按照规定，无论是原标准还是新标准，中国早在 2000 年就进入了老龄社会。根据该年年底发布的第五次人口普查数据，60 岁以上的人群占总人口 10.2%，65 岁以上老年人占总人口 6.96%。到了 2010 年年底，第六次人口普查数据显示，60 岁以上的人群占总人口 13.26%，65 岁以上老年人占总人口 8.87%，都明显超过联合国标准。其绝对数分别是 177648705 人和 118831709 人。这里不妨做一个感性表述，中国 60 岁以上人群数量相当于 3 个英国的全部人口，或者 1 个英国 +1 个德国 +1 个西班牙；中国 65 岁以上老人数量相当于 2 个英国的全部人口，或者

1个德国+1个西班牙。更令人吃惊的是，中国60岁以上人群正以每年超过3%的比例高速增长，这个速度相当于同期人口增速的5倍，到2020年第7次人口普查时，预计将占到人口总数的18%，绝对数达到2.43亿，比现在的美国全部人口只少0.3亿。这组数据表明，老龄化已经成为中国社会的一个特征，一个国情。

第二组数据。至2011年年底，上海共有各种养老机构631家，床位10.2万张，约占本市户籍老年人口的3%。上海是中国最发达、最富裕的城市，其他城市的社会养老床位所占老年人比例不会高于这个数字，农村更低。就全国而言，"第十二个五年规划纲要"期间（2011—2015），我国每千名老年人拥有养老床位数将会达到30张，也就是3%，这不是实际统计数据，而是规划目标。如果这个规划能够百分之百实现，100位老人中，也仅仅有3位能够住进养老院。这组数据反映了中国老年人得以占有的社会资源很少，说明社会能够提供的服务条件十分有限。

第三组数据。保守估计，我国每年约有5万老年人自杀，农村老年人的自杀率高于城市，相当于世界平均水平的4—5倍。这组数据从一个侧面表明，我国老年人处境艰难。

这三组数据可以概括为三句话：老年人问题很重要，老年人前景很忧虑，老年人现实很严酷。结论是在诉求取向上，政府以及全社会应该朝老年人倾斜。

这种倾斜实际上是一种补偿。以收入为例，现在的老年人是在20世纪70年代及其之前加入劳动者队伍的，那时生产力水平低，劳动强度大，家庭负担重，报酬却很少，职工月收入只有几十元，农民一天挣的工分只相当于几角钱，但他们却为社会创造并积累了大量的物质财富和精神财富。由于工资基数少，职工退休金也就低，一些地区的职工一个月只能领到几百元，还不一定能够完全兑现，拖欠时有发生。退休金虽然也在增长，但增幅低于在岗职工工资的增幅，也低于城镇居民可支配收入的增幅，1979—2002 年 24 年平均，人均退休金按可比价格计算，递增 5.2%，而同期在岗职工工资的这个数字是 6.2%，城镇居民可支配收入的增幅是 6.7%。城镇老人生活拮据，尽管精打细算，仍约有五分之一入不敷出，略有结余的也不过是这个比例。农村情况更差，养老金制度进展缓慢，老年人大多没有养老金或者只能享受到很少养老金，加上青壮年外出打工，老年人不得不继续劳作，有的七八十岁了还必须在农田里干活。这告诉我们，老年人的付出与其所得的比例是不合理的，与其他社会成员相比也是不合理的，社会亏欠老年人，现在应该给予偿还。这种偿还不仅仅是在收入上，其他诸如社会福利、服务体系、资源分配等方面一样需要还债。

这种倾斜是社会进步的表现。在人类发展史上，重视老年人是与社会进入文明时代一起开始的，所以是否关注老年人诉求以及关注的程度始终是衡量一个社会进步的尺度。如果说过去因为国家将全部力量放在改变一穷二白的面貌而需要人民做出巨大牺牲，因为国家财力捉襟见肘而无力顾及其他，那么经过 30 年全体国民的努力奋斗，中国经济总量跃升世界第二，2010 年我国 GDP 达到 397983 亿元人民币，全国财政收入 83080 亿元人民币，已经具备了改善民生的条件。这时候是否能够更多地关照老年人生活，已经不是能力问题，而是文明问题。

这种倾斜是社会公正的表现。改革开放以来，在经济高速发展的同时，社会也迅速出现两极分化，形成了相对稳定的利益族群，即财富快速增长的受益人群和生活相对贫困的受损人群。形象地说，前者总是踩在变化的节奏上，每每通过体制和制度的改革获益，成为所谓的既得利益集团；而后者总是落后半拍，被改革无情地从社会主体中抛出去，成为弱势群体。改革是需要付出的，学者称之为改革成本，按理说，谁承担的成本越多，谁分得的红利也就越大。然而现在反了过来，承担成本最大的人，譬如城镇下岗职工，农村中曾缴纳重税的农业劳力，到手的红利最少，而承受成本较少的人，譬如企业上层、公务员、私企老板，却享受着丰厚的红利。这就是人们耿耿于怀的社会不公。从年龄上看，今天中国的百万、千万、亿万富翁以 30 岁到 50 岁人群为主，老年人基本上是个贫困族群。所以多照顾一些老年人，有益于缩小差距。

这种倾斜是道德高尚的表现。我们现在大力提倡报恩意识，报国家之恩，报社会之恩，报资助者之恩，报领导之恩，报国际友人之恩……然而在这一系列长长的名单中，我们常常忽略老年人——那曾经的社会中坚，以往的家庭顶梁柱，没有他们几十年兢兢业业的坚守，汗流满面的辛劳，就没有后来的改革开放，就没有现在的工业化、信息化、城市化，这一代人就成长不起来。老年人是青壮年的恩人，全社会的恩人。正如毛泽东所说"前人辛苦，后人幸福"，我们不应该忘记老年人的恩典。其实报答老年人就是报答自己，人都有老的时候，当今天的青壮年步入老年门槛的时候，社会为老年人所做的一切就是他们能够享受到服务的初始条件。要想再提高，等着儿子那一代人报恩吧，儿子们做得怎样，一定程度上要看你当初做得如何。就像那个木碗故事说的一样，父亲嫌弃老人手抖，做了只木碗让他端着吃饭，一回身，看见自己刚刚懂事的儿子在一块木头上紧忙活，便问他想干什么，儿子说给你做一只木碗。

近些年，政府已经注意到在诉求取向上朝老年人倾斜，譬如，从 2005 年开始，年年增加企业退休人员养老金，推进社会保障制度的全面铺开。一些地方还制定了一些优惠老人的措施，譬如免费乘坐公交车，半价游园等。这里需要着意指出的是，仅仅靠政府是不够的，全社会都应该树立关心老年人诉求的意识，并贯彻到具体行动中去。

举两个小例子。银行代收水电燃气通讯等费用，原来实行的是窗口服务，为了降低人力成本，改为机器操作。这本来是好事，提高了效率，方便了顾客，然而由于忽略了老年人诉求，招来一大堆意见。老人习惯了人对人接触，现在让他面对机器，感觉陌生，即使硬着头皮在工作人员协助下试着操作，手忙脚乱之后，大多将程序忘得一干二净，信心受挫，所以很多老年顾客宁可多跑几家银行也不愿意跟机器打交道。可是各家银行像商量好了似的，大厅里都立起了冷冰冰的交费机，窗口都不再提供这一服务，老年人心里这个急。一个顾客说：我刚退休，还跑得动，你让那些跑不动的老人怎么办？我们小区 1000 来户，70 岁以上老人就有 300 多人，这么折腾谁受得了！再如，不少地方规定，景区对老年人优惠，70 岁以上免票，60 岁以上半票，但许多景区售票处却不明示，就为了多

收点票款，使那些不明就里的老人掏钱买全票。其实，中国的老年
人是世界上最好侍候的老人，正如俗话说的给点阳光就灿烂。2012
年北京国际电影节将伯乐奖颁发给68岁的香港制片家吴思远，接
受记者采访时他说：我觉得这是一个很特别的奖，在其他的电影节
上都没有过，这算是体现了中国固有的美德，也是对老人家的尊重。
一个带有安慰性质的奖，让老人高兴得像个孩子。

　　令人欣慰的是，从老年人角度考虑问题的思维正在逐渐形成。
近来有两件事可以一说。一件是，2012年4月份，掀起了一场关
于中小学教育由12年学制改为10年的讨论，与所有问题一样，有
人赞成有人反对。缩短中小学学制是学生和家长的事，跟属于爷爷
奶奶辈的老年人没有直接关系，但一个网友的留言很有意思。他赞
成缩短学制，理由是：让孩子早点进入社会锻炼吧，我们这一代太
拖累父母了。他们给交了25年的学费，毕业买房娶媳妇都要"啃老"，
让我们下一代告别"啃"的坏名声，他们自己挣学费、房子、结婚，
我们也解脱。对错不论，吸引人们眼球的是看问题的角度，单这份
孝心就值得表扬。另一件是，2012年5月份，北京科技周举办，
主场专门开辟"老年关爱"展区，介绍专为老年人提供的科技产品，
有社区老人TVQQ视频关爱系统、安装在马桶圈上的助力装置、智
能导航手杖、可设定火候的煎药锅，等等。许多产品都出自大学生
之手，表达了青年一代对老年人的敬爱。

主体取向

生养儿子其实有两大目的，一是对整体，表现为对祖先负责；二是对个体，表现为对自己负责，主要是养老，所谓养儿防老。前者是神圣性的，后者是功利性的。那么在今天，养儿能够实现防老吗？不能。

恩格斯曾经这样说："人来源于动物界这一事实已经决定人永远不能摆脱兽性，所以问题永远只能在于摆脱得多些少些，在于兽性或人性的程度上的差异。"（《反杜林论》）我们在两代动物之间，可以见到母性对幼仔的爱，这种爱无私、强烈、负责，充满了牺牲精神，令人感动甚至震撼，常常被用来作为呼唤真情的活教材。山城重庆的长江边上有一个地方叫珊瑚坝，一年发大水，坝子变成了孤岛，距离陆地足有 1000 多米。人们发现，每天都有一只褐白相间的母狗从长滨路上跃入江中，奋力游向孤岛。它高昂着头，拼命划动四条腿，一个浪头打过来，它被冲出去好几米，但仍然不后退，一直坚持向前划。过不了多久，它又游回来，到岸上寻找食物。每天打两个来回，从不间断。后来人们在孤岛上发现了四只小狗，原来母狗是小狗们的母亲，发水前把孩子生在岛上，为了养育它们，它只好游到岸上觅食，然后再游回去喂奶。狗妈妈的事迹感动了市民，人们给它起名花花，纷纷拿出食物摆在它上岸的地方，为的是使它节省一些力气。母兽为幼仔做了这么多，幼仔又做出了多少呢？一点没做。它们长大后便走了，即使以后遇上，最多用动物语言比如碰碰头表示下亲热，不会再多了，绝不会把自己的食物让给母亲。有些动物例如豹子，还会划出自己的地盘，如果母亲误入，也会被它用尖牙利爪逐出，赶得远远的，完全忘了它的这套利器和本事是对方给予的。澳大利亚有一种蜘蛛叫蟹蛛，出生后便吸附在母亲腿上，直到把母蛛完全吸干。

这种动物性表现在人身上，就是父母之爱与子女的回报不对等，而且是反差极大的不对等。古人说："人子之能养父母也，什百中无一二焉。有之，则为乡曲之细民，欲于富贵家求之，殆千不得一矣。"（《清稗类钞》）意思是，儿子能够善待父母的，1000个人里找不出一两个，即使有，也是在村野的穷人中，要想从富贵人家发现孝子，数够1000家也没一个。不是说人人都成心去伤害父母，而是再怎么努力也达不到父母应该得到的孝敬。南唐国主李璟说"子不谢父"，为什么不谢？因为对父母的爱远远少于父母的爱，根本谢不过来。毛泽东说的"前人辛苦，后人幸福"，也可以从中读出一份歉疚。所以这种爱与回报的不对等，不是个人问题，而是人类天性使然。

孝道盛行的年代尚且如此，就不要说孝道衰落的今天了。即便不看这一条，仅就时间而言，现代便比不上从前，那时实行的是慢节奏的农耕生活方式，人们还有照料父母的时间，在社会高速运转的今天，就是有那份孝心，也缺少实践的条件。当年一首《常回家看看》的歌曲，引起了人们的自省。一个网名"现场说话"的个体户发言："如今跟上了弦一样，绷得紧紧的，一天 12 小时守店铺，根本没空儿，更谈不上'常回家看看'了。"一个网名"老哈"的国企副总表白：古人能做到弃官养母，我做不到。国家花费那么多外汇培养我，送我到美国上研究生，我对国家得讲究个"忠"吧，得为国家效力不是？可对生你养你的父母又得讲究个"孝"。过去我不理解"忠孝两难全"是什么意思，现在理解了。我想把父母送到最好的养老院……亲戚声称要到单位告我不孝，外人不知情，这个大帽子谁敢顶！所以我真的非常为难。如果考虑到城市独生子女家庭这个因素，眼下的青壮年一代更是难上加难。4 个老人、2 个子女、1 个后代的家庭结构（所谓 4+2+1）势必造成家庭资源的极度缺乏和严重冲突，其结果就是空巢家庭激增，目前空巢家庭已经超过家庭总数的 50%，有些大中城市达到了 70%。对此人们无力又无奈。

养老，现代家庭不能承受之重。老年人一定要有人管，并且要能够管起来、管好——他们已经为子女、为社会做出了巨大牺牲，不能让他们再忍受晚景的凄凉和痛苦，同时他们也应该享受到曾经为之做出重大贡献的改革开放所带来的成果——青壮年也一定要解脱出来，轻装上阵，怎么办？只有一个途径，就是转换角色，从以往以家庭为养老主体转向以社会为主体，使之成为社会职能和责任。无论是个人还是政府，都应该建立社会主体的取向，这样，父母才能谈得上快乐，子女才能谈得上孝敬，政府才能谈得上尽职。

以社会为主体，其实质是动员一切可以动员的社会力量解决老有所养、老有所助、老有所安、老有所敬、老有所乐的问题。其中主要包括以下几种力量。

　　企业家和慈善家。企业家有钱有人有经验，是兴办养老、临终关怀、康复、护理、医疗卫生等服务性实体的理想力量。近些年越来越多的企业家将目光投向老年人事业，房地产业高调推出的"公寓式养老"地产项目就是一个证明。企业家的生存方式是经营，目的是盈利，只要有钱可赚，一定不会放过机会，据估计，2015年中国老年人仅护理服务和生活照料的潜在市场规模就在4500亿元以上。老年服务业突出的优势是需求旺盛和稳定，只要保证收益率不低于资本的社会平均利润，就足以调动企业家的积极性。由于老年人收入不高，节俭成性，不可能承担高额费用，这就需要政府进行补贴，使企业家旱涝保收。这方面已经做了不少，但应该提供更多的优惠，不只资金，还有税收、土地、建筑、管理、责任等多方面支持。慈善家以慈善为业，但不能让他们只出不进，更不能鞭打快牛，政府应该主动帮助他们开展工作，满足他们的各项要求，无论是老年事业之内还是之外的，由此保持良好的合作态势。

　　个人。由于儒家思想传统以及20世纪六七十年代普遍开展的学习雷锋活动，民间蕴含着丰富的助老敬老资源。林秀珍，河北枣强县王常乡北臣村一位普通妇女，从1976年开始，30年如一日，默默无闻地先后赡养了6位与自己没有血缘关系的孤寡老人，服侍他们的时间加起来长达68年，比林秀珍的年纪还超出7岁。她给老人们接尿端屎，擦洗身子，就是亲闺女也不一定能做到。她是村里第一批企业家，比她起步晚的人都挣到了成百上千万，她却因为做善事耽误了业务，错过了致大富的机会。但她无怨无悔，牢记母亲从小教育她的话：人人都帮人，世上没穷人；人人管闲事，世上没难事。一个外地妇女来到北臣村探究竟，事后说：过去俺还不敢想，不敢相信，臊死俺了！天底下真有这样好的人！孙成乐夫妇，河南虞城县贾寨镇马楼村农民，48 年来赡养了 49 名老人和 36 名孤儿，给 41 位老人送终。没有人资助他们，完全靠一己之力。为了解决老人和孤儿的吃饭问题，夫妻俩用了 6 年时间，在黄河故道上开垦荒田 36 亩。孙成乐这么做，除了心好，还有报恩。他是一个孤儿，说自己知道吃水不忘打井人。卢燕，北京市一名公交职工，6 年前在街上扶起一位昏倒的独身老人，打车把他送回家，听完老人的倾诉，卢燕便多了个爷爷，还把母亲和男友（后来的丈夫）拉进来一起照顾他。老人半残，经济拮据，居住在一间只有 6 平方米的黑洞洞小平房里，生活难以自理，冬天更是难熬。卢燕和妈妈一趟趟往小黑屋跑，生火、送饭、买药、就医、修房，就连"非典"期间也没耽误过。林秀珍们义务赡养和照料孤寡老人有什么个人企图吗？没有，他们完全是无私的，纯粹出于同情心。他们的善举为社会减轻了负担，却从未想过回报。对此社会不能无动于衷，应该主动帮助这些好心人，除了表彰外，还应该使他们得到实惠，给予重奖。

志愿者。这是近些年涌现出来的公益性团体，是社会进步的体现。过去也有做好事的人，比如 20 世纪学雷锋的年代，参与者比今天更广泛更普遍，但多为临时性，出于无组织自发状态。志愿者不同，不仅有自己的组织，而且目标性专业性更强。在助老领域，上海有个叫"十二邻社区发展中心"的组织，它有上百名志愿者，以数名成员为核心，服务对象是空巢家庭中的老人，志愿者们的工作就是陪伴他们，跟他们说话，听他们讲过去的故事，然后把其中动人的情节编进戏剧，通过舞台艺术地再现出来给老年人看，也给年轻人看，使老年人觉得自己活得有价值，无论是过去还是现在。教育的主题是关怀。"十二邻"的代表王俊晓说，从前上海邻里关系密切，一个楼门上下12家住户，拿着同一把楼门钥匙，就像一家人一样，随着社会变化，人们渐渐疏远了，邻里之间很少来往，甚至连名字都叫不出来，有些独居老人离世多日都无人知晓，现在是呼唤温情回归的时候了，这就是"十二邻"一名的由来。志愿者虽然只是协助，但它的心灵抚慰功能是无法替代的。志愿者组织还有一项作用，就是成员的自我教育，通过为老人服务不光可以净化自己，还能够从他们那里学到许多处世经验和技巧，同时也是一次专业训练，比如"十二邻"成员的编剧、表演和主持。志愿者不是单方付出，而是双赢。

社工。这里说的是专业社会工作者，他们专门从事老年人工作，属于社会，被编入社工事务所。事务所通常为民办，公益性质，不以盈利为目的，但由政府买单，出钱购买社工岗位，用于解决社工的工资等问题。这里的好处是可以避免官僚习气和衙门作风，保持草根性，成员更富于同情心，工作更主动、更自觉、更积极。专业社工将是老年人工作的一只生力军。

街道、村委会。养老主体的社会取向能否实现，就看街道和村社是否给力。街道是城市中地区公共权力的正式代表，村委会是农村中村庄公共权力的正式代表，这个地位决定了它们是老年人工作毋庸置疑的最终组织者和实施者。农村老年人问题比城市更严重，这从农村老人的高自杀率就可以看出来，所以工作难度更大。农村养老取决于村庄经济实力，凡是养老问题解决得好的，集体经济都很强大。例如中国第一个自己挂牌的"村级市"——河南濮阳县西辛庄，总共172户，却拥有20多家村办企业，产值十多亿元，凭着这个实力，建起高规格敬老院，孤寡老人一律免费入住。村领导李造成说，就因为要让村民过上城里人的日子，才挂牌称"市"。

养老主体由家庭转向社会，在子女身上没有阻力，在父母那里虽然有点转不过弯子，但现实如此，也就接受了，所以是完全可行的。讨论《常回家看看》时，有一位叫艾德州的退休教师，他的儿女都出国了，家里只剩下老两口，他说：人老了，什么也干不动了，打电话动作都慢，我们琢磨着，天暖和了就上养老院去吧。当然，更多的老人希望居家养老，这就需要社区、社工和志愿者付出更多的关怀。

我们能够做什么

要义

　　从"能够如此"的视角看问题，就子女方面而言，最要紧的是做到热爱生命；就长辈方面而言，最要紧的是做到为老自尊；就下一代方面而言，最要紧的是做到教育得法。

热爱生命

我们能够做什么与我们应该做什么不同，应该着眼的是理应如此，能够着眼的是能够如此；应该侧重于设计，属于将来时；能够侧重于条件，属于现在时。所谓我们能够做什么，指的就是当下条件完全具备了，我们每一个人，不管是谁，只要去做，就一定可以做到，客观上不存在任何障碍。

在孝道方面，对子女来说，第一要做到的就是热爱生命。之所以把热爱生命放在最要紧的位置上，是因为子女只有健康地活着，才是对父母最大的安慰，才谈得上赡养和侍奉他们，也才谈得上享受天伦之乐。以追求自我实现为唯一目标的人，大概想过生命对个人的意义，恐怕很少想过甚至没有想过自己的生命对父母的意义，人们已然习惯了自我中心的思维方式，不习惯从别人出发看问题，包括赋予自己生命的人。做子女的可以不把自己看作父母生命的延续，但父母却把儿女视为自己生命的一部分，而且可能是最重要的那个部分，甚至是全部。如果没有很好想过这个问题，不妨仔细看看下面的事实。

现在有个专有名词——失独家庭，即失去独生子女的家庭。由于严格控制人口，实行计划生育，50后、60后的城市家庭，基本上由一对夫妻和一个子女构成，一旦失去儿女，这些家庭便成为失独家庭。据不完全统计，我国这类家庭每年新增 7.6 万个，目前已超过百万。剧烈的悲恸后，失独父母是怎样过日子的呢？

伤痛。古人认为有三种悲伤对人生打击最大，即少年丧母，中年丧妻，老年丧子。白发人送黑发人，虽为一时之事，但彻骨的悲痛却伴随终身。许林如，1946 年出生，7 年前年仅 24 岁的独生子意外死在办公室。处理完后事，她和老伴销毁了相册和儿子用过的东西，想跟过去一刀两断，但根本做不到。上班出门前，她总要提醒自己别哭，可在公交车上，不知怎么的，眼泪还是流了下来。下班回来后，与老伴相对无言，泪水一个劲儿地往外涌，直到深夜睡去。儿子去世后的第一个除夕夜，夫妻俩在家里待不下去，几乎是在北京西二环路上度过的，边走边落泪。

逃避。失独父母变得格外敏感，随便什么都可能引发过去的记忆，触动伤情，为此他们不愿意见人，讨厌热闹，害怕熟悉的环境。许林如自从儿子去世后，4 年没有看望 80 多岁的父亲，7 年没有给母亲上坟，因为见到亲人会勾起往事。她有三个侄女，第一个结婚，她咬着牙去了，婚宴刚开始她就哭了，离席而去。第二个结婚她没去。第三个结婚她去了，虽然没有落泪，但心揪得紧紧的，看见侄女又想起了儿子。章明，1956 年出生，失独母亲，6 年前儿子死在送往医院的路上。尽管不富裕，夫妻俩还是在北京昌平买了套房子，离开原来的家搬过去住。他们几乎不出社区，也不愿意接电话，平时只在小区里走走。

孤僻。巨大的打击往往使人性情大变，失独父母身上最常见的就是孤僻，不管原来什么性格，外向还是内向，开朗还是沉郁，都会自觉不自觉地把自己封闭起来。社区关心失独家庭，为了让他们放松一下，组织大家出游。章明不忍拒绝人家好意，但丈夫说什么也不去，只好一个人参加。这哪里是散心，分明是活受罪，一行20多人，个个阴着脸，谁都不说话，只是默默地走。这种封闭性还表现在认同上。失独父母不愿意与其他人来往，只有同样遭受失独经历的人才能跟他们沟通。他们有自己的"家园"——失独者聚会、交流、联谊的组织，有自己的QQ群，还酝酿设立属于自己的节日——"天使节"，日期是5月21日，谐音"我爱你"，呼唤天堂里的儿子和女儿回到父母身边。

悔恨。爱时常伴随着自责，爱越深自责越重，没有什么爱能够超过父母之爱了，所以不停的悔恨便成了失独父母的普遍状态。吴梅，一位北京白领，儿子眼中的"辣妈"，独自把儿子带大的女强人。儿子想出国留学，亲人都反对，只有吴梅一人赞成，说：我儿子想去哪里，我就支持他去哪里，好男儿志在四方。于是吴梅把儿子送进了澳洲的一所大学，毕业那年，儿子在异乡的大海中淹死了。吴梅悔恨极了，一个劲儿地自责，要不是当初把儿子送出去，年轻的生命就不会消失。她的生活一下子失去了重心，一个人在全国各处游荡，不敢回北京，更不敢回家。

拮据。中国刚刚摆脱贫穷，绝大多数家庭底子很薄，一点变故都能把它打回困境，所以失独家庭不仅要面对失子之痛，还要忍受经济上的窘迫。吴梅收入不错，因为儿子留学，钱都用了出去，还借了不少债，用她的话说这叫教育投资。不想儿子遇难，投资一分钱也收不回来了，债务全都由她一人承担。她盘算着还了债，还得挣出养老钱，从前还想着靠靠儿子，如今只能靠自己，看来得一直苦干下去。章明的儿子死于心脏病，为了给孩子看病，家里借了不少钱，生活非常困难，常常一点现金都没有，后来卖掉昌平的房子，才还清了债，手里也才有了些许活钱。这点钱宝贝得什么似的，捂得死死的，侄女买房跟她借钱，被她一口回绝，他们老两口没了依靠，一旦有事，找谁去！

解体。孩子是维系夫妻关系的纽带，一旦儿女去世，纽带断了，夫妻也就散了，家庭也就瓦解了。林凡，50 岁时儿子死于车祸，1 年后丈夫提出离婚。林凡说，他们的婚姻跟大多数人一样，不好也不坏，为了孩子，就这么凑合着过了 20 多年，本想就这么过下去，老的时候也能有个伴儿，不想儿子没了，这路就走不下去了。离婚后，丈夫再婚，林凡一点抱怨也没有，反倒非常理解前夫，说：两个人绑一块儿也是死，抓住一点希望就能活下去，他想忘掉过去的一切，重新开始，也是人之常情。

担忧。养儿防老，儿女是父母老来的唯一依靠，儿女不在了，父母顿时陷入无边的茫然，感到无着无落，不知所措。网名"天涯人"的失独妈妈说：我们所面临的就是将来老无所依，失独家庭没有赡养人，养老院不收，上医院没人签字不给手术。有人提议：我们自己筹建专门收留失独老人的养老院吧，一直负责到临终关怀。

看到这里，我们终于明白了，古人为什么那么强调爱身，主张如临深渊、如履薄冰般战战兢兢、小心翼翼地过日子，一再叮嘱渡河的时候有船可乘就不要游过去，走路的时候有大路可行就不要走小路，谨慎到了连皮肤、毛发都不敢损坏的地步——有损害皮肤毛发的危险，就有可能伤及四肢和躯干——为的不是子女自己，而是父母，正是为了避免如同今天的失独家庭那样所不得不承受的悲剧的发生。古人的思路很明确，子女是血脉链条上的一个环节，其身体、生命不属于自己，而属于整根链条，所以无权随意对待，必须爱护备至。用今天的眼光来衡量，这种观念有些可笑，但我们不得不承认，它很人性，很责任，很关怀，既对自己也对他人。现代人真该好好想一想，在强调自我的同时，是否设置一个群体背景？我们要说的是，如果你还爱自己的父母亲人，就一定要远离一切违背自然的、逆天的不良生活方式和习惯，牢牢守住你的健康和生命。

除了热爱生命，还有两条我们可以做到。一条很容易，一条难一些。我们先说难的。

这条说的是不啃老。讨论《常回家看看》时，十八里店乡的一位农民老何说：现在流行啃老，就是年轻人吃老年人，他们不工作，吃喝就靠老的。我们街坊老林家的儿子一直没正经事儿，老婆闹离婚走了。他把孩子朝老林这儿一放就没事了，十天半月的也不来一趟。老林家也不富裕，两口子都有病。那孩子是我们看着长大的，小时候还真没瞧出什么，不知道怎么就变成了这个模样。他跟我家老二是同学，今年才 37 岁，听说就那么呆着，吃低保。我家老二单位也不行，可人家自学电工，考了本，调到超市，工资虽然不高，但养家糊口不成问题。这么一比，我挺知足。在何老爷子心目中，孝敬的标准就是不啃老，不指望儿子能往回拿钱，只要能自食其力，当父母的就放心了，所以他踏实得很。

啃老已然成了一种风气。调查显示，当前中国 65% 以上的家庭存在"老养小"现象，30% 左右的青年基本靠吃喝父母而活着。他们之中有些人啃得津津有味、理直气壮，你们生了我就得养我，不啃白不啃。我们不妨联系古人看看。孔子的学生子路，出身卑微，打小就立下了改变命运的志向，眼见父母一天天老了，可自己还没有工作，为了不让他们操心，便委屈自己凑合着找了个事情做。他说：父母健在，不敢只考虑自己的高远志向。等双亲故去后，他才张罗着选择符合自己意愿的职业。我们的才能和志向大概比不过子路吧，为什么就不能把面子、身价、职业规划、生活预期暂时放到一边先找份工作，而窝在家里啃老呢？

容易做到的那条是多跟父母联系。年轻人工作忙，父母理解，不要求儿女常回家看看，只要报个平安就可以了。青年演员张译在微博上发起了一个报平安的公益活动，起名"爸妈我很好"，呼吁儿女每天给父母打一个电话，响应者过万。张译是个"北漂"，他离家在外闯荡，父母就"空巢"了，所以不管多忙，他每天都要往家里打个电话。父母是儿女的圣人，他们最无私也最大度，只要你的手勤快那么一点点，对他们就是最大的安慰了。

为老自尊

　　在孝道方面，对长辈来说，第一要做到的是为老自尊。之所以把为老自尊放在最要紧的位置上，是因为你只有尊重自己，别人才能尊重你。年长固然是获得尊敬的因素，正如网友独行者说的那样，每位老人都是一部厚重的书。网友豌豆说得更直接，每一个超过60岁的老人都是一个伟人。然而敬重不能仅仅单凭年老，还要看你自己做得怎样，你的所作所为是否让人敬佩。

　　前面引用过一个小故事，孔子跟发小原壤约好见面，孔子来了，看见原壤叉开两条腿满不在乎地坐在地上，这副德性让孔子很失望很生气，骂他是老而不死白吃饭的贼子，还拿手杖敲打他那放肆的小腿。还有一个故事，是孟子讲的，说的是孔子带学生游览，听见一个小孩子唱道："沧浪河中的流水清澈呀，可以用它洗我的帽缨；沧浪河中的流水浑浊呀，就用它洗我的双脚。"孔子深有感触，说："弟子们听好了！清澈呢，就洗帽缨；浑浊呢，就洗双脚。这都取决于河水自身啊。"接着，孟子发挥道："人一定是先有让别人侮辱的理由，然后别人才能够侮辱他；国家一定是先有了招致别人攻打的漏洞，然后别人才能够攻打它。"（《孟子·离娄上》）对于孔子的态度和孟子的话，所有老年人都应该牢牢记取，社会不欢迎倚老卖老、一意孤行的老年人，如果别人对自己不够尊重，一定要多从自己方面查找原因。

那么，怎样才能做到自尊从而赢得尊重呢？这里最关键的是提高和保持个人品位。之所以这么说是因为，多少年以来，老年人的社会地位都是由道德来奠定的，他们被视为智慧的化身，能够把握"道"，也就是天地人间的根本道理，而这种认知上的"得"就是"德"。通俗地说，就是知道应该做什么，不应该做什么；知道怎样做行得通，怎样做行不通。所以帝王们请他们之中的佼佼者担任"三老""五更"一类的职务，掌领天下教化，按照学生侍奉老师的礼节毕恭毕敬地聆听他们的教诲。这一类老人既是饱学之士也是道德高尚之人，在他们身上，识与德是一码事，这就是品位。他们所代表的老年群体，是道德的标杆，是秩序的支柱，是传统的象征，这就是他们受到社会尊重的根本原因。

电视剧《双面胶》《蜗居》《心术》的编剧六六在记者问到有关个人声望的问题时，这样回答：我听宋丹丹说过女性的三个阶段，前两个阶段我和她的想法一样：年轻时要漂亮，中年时性格要好，最后一个，她说老年要有钱，但我觉得老年要有品格。从性格上升到品格，被社会尊重，有一定的社会地位，让所有人因为信赖你、喜欢你而团结在你的周围，这些比钱更重要。

说得对。钱是老年人被尊重的一个砝码，但绝不是全部。道理很简单，钱是身外之物，跟你不是一回事，人们围着你转，为的不是你本人而是你的钱袋；钱有来有去，来了，你是大爷，去了，你是三孙子；要求满足了，你是亲人，没有满足，你是仇敌。这方面我们见到的太多了。前面曾列举了一个案例，内容是 15 岁的孙子要报班学篮球，让爷爷和奶奶出学费，由于孙子学习成绩太差，老两口没同意，孙子短信追过来，说把钱留着买骨灰盒。这只是其中一条短信，标题是"致爷爷"，另两条分别是"致奶奶""致奶奶和爷爷"。"致奶奶"是这样写的："你爱钱比爱我多。你也别解释了，老天有眼，你死我都不会去看你一眼的，老天有眼。""致奶奶和爷爷"接着说："我这辈子不可能去看你们，我要去就遭天打雷劈。把给我的压岁钱留给你们死了用吧！现在你们没孙子，记住！"这就是钱，带来了尊敬吗？没有，带来的是仇恨！而品位（六六说的品格）则不同，它跟你是一回事，人们敬重你的品位也就是敬重你本人。

在提高和保持品位上，有三点值得提倡。

首先是不贪。孔子这样说："君子有三戒：少之时，血气未定，戒之在色；及至庄也，血气方刚，戒之在斗；及其老也，血气既衰，戒之在得。"（《论语·季氏》）戒，戒备、警觉；血气，生理和精神。是说，按君子标准来要求，年轻时，血气尚不稳定，应该格外警觉的是好色；到了壮年，血气旺盛刚健，应该格外警觉的是争斗；进入老年，血气逐渐衰退，应该格外警觉的是贪得。老年人失去了创造财富的条件，收入锐减，特别担心今后的生活，所以希望能够得到更多的东西，贪心由此而起。可以说，贪得是老年人的通病。北京陶然亭公园有一处小空场，旁边是公共厕所，免费提供卫生纸。卫生纸由节纸器控制，每次自动吐出 70 厘米长的纸张，足够人们使用。然而游客并不知足，许多人会取两次以上，算下来平均每人上一趟厕所要用掉 3 米卫生纸。拿得最多的是一位头戴黑色棒球帽身着黑外套的老大爷，一口气取了 6 次，将 4 米多长的手纸揣进衣兜，上完厕所，又取出 1.4 米卫生纸擦手，接着又连取 8 次，全然不顾身后排队等候的人们，然后将 5 米多长的手纸揣进另一个衣兜，昂然而去。这位大爷上一趟厕所，连用带拿，共占有卫生纸 11.2 米。这样的行为，人们怎么去尊重？

其次是不争。按孔子的说法，争强好胜本是壮年的特征，如今不少老年人也染上了这个毛病，想必是由于社会进步而血气衰退减缓的缘故吧。北京出行难，特别是上下班高峰期，乘公交车和地铁简直有下地狱的感觉。车厢里时常有白发晃动，他们脖子上挂着免费乘车的老年证混杂在上班族里挤上挤下，实在辛苦。这些挤车的老人中一定有要办正事的，比如看病、送孙子上学，但大多数是去公园晨练或者聚会，甚至还有拉着购物车从早市满载而归的。给他们让座位吧，年轻人将劳累一天，实在不想站起来；坐着不动吧，老人就站在你面前，青筋累累的手吃力地抓住扶把，只好叹口气起身让座。于是有人呼吁：爷爷奶奶，你们能不能错开高峰期出行，就别再跟孙子孙女争乘位了。大多数老年人认为有道理，但也有人出来反驳：这话我不爱听，没有我们当年的苦干，你们今天能坐上这么好的车？现在我们退休了，该享受生活了，晨练是我最大的乐子。你们上班，我们去公园，都是正事，凭什么要让老年人错开，都中午了，那还叫晨练吗？这样的态度，人们怎么去尊重？

再次是不纵，也就是不放纵包括性欲在内的个人欲望。艾滋病发生率在我国逐年走高，其中老年人增加幅度最大，仅北京地坛医院感染科 2011 年收治的 60 岁以上患者就有 16 位，其中已确定经性接触传播的超过一半，年龄最大的是一位 79 岁的男性。由于生活水平和医疗水平的提高，许多男性年届 70 仍旧保持正常的性需求，而配偶大多 50 余岁便随着绝经而性欲减退，还有的老人因妻子去世而处于独身状态，于是一些老人便瞄上了"小发廊""小按摩店"，去那里解决性问题。他们不怕艾滋病，一个患者说：这又有什么了，不是说潜伏期 10 年吗？就算染上了，等它发作，我也该入土了。这样的做派，人们怎么去尊重？

贪得、争斗、纵欲不仅是不自尊，导致世人的轻视，同时也是不自爱，带来财产和人身的伤害。不说艾滋病，单说诈骗。近些年来，利用假金佛、假元宝、假古董诈骗的案件屡屡发生，老年人是被侵害的主要对象。报案人在讲述受骗上当过程时往往有一个共同情节，就是被骗子下了蒙汗药，致使自己失去了起码的警觉和判断力，稀里糊涂地将巨款拱手交给骗术拙劣的骗子，拿回一堆假货。一位老人甚至回忆起这样的细节：当她与骗子商谈时，对方掏出一个小瓶子，手指一按，喷出一股粉红色气体，于是她像被施了魔法一样，顿时没了主见，骗子说什么她信什么，完全被对方操控，最后花重金买回一只假玉镯。骗子们落网后，经审讯和调查，没有一起案子使用过蒙汗药。其实，这种具有致幻作用的药只在武侠小说里面有，现实生活中还真找不到。如果一定说存在着这种药的话，那就是人的贪欲。骗子之所以瞄上老年人，就是利用了他们贪得的特点。所以戒贪、戒争、戒纵，既是获得社会尊重所必需的，又是实现自我保护所不可或缺的。

要做到戒贪、戒争、戒纵，不妨按照道家的理念，贯彻生活的减法。在道家创始人老子看来，"道"的本质是虚无，就像是空旷的山谷一样，一眼望去，豁然开朗，什么都不存留。当人的心中没有任何杂念，一派清净的时候，就是这种状态，此刻人便与"道"合一了，是最自然、最平安、最恬静、最自在、最踏实、最和谐的存在，也最有利于健康长寿。其实，健康长寿跟生活富裕还真没有太大关系，吃什么也无关紧要，最根本的是保持一颗平常心，也就是清静无为，自由自在。就是老子说的"为道者日损，损之又损，以至于无为"（《老子·第四十八章》）。追求"道"的人，走的是减少又减少一直减少到无所作为的路。

如此提倡并不意味着要求老年朋友逆来顺受，恰恰相反，这正是为了维护正当的尊严。我们坚决反对自我矮化。什么叫自我矮化？在公交车上常常可以见到这样的场景，一位老人气喘吁吁地登上车，肩上挎着一只沉甸甸的学生书包，人们连忙让座。老人偏过身子，一个孩子挤上前，毫不客气地一屁股落在座位上，而老人就这么站着，摇摇晃晃的，佝偻的背上仍旧压着书包。这时人们才明白，坐在位置上的是他的孙子（孙女），孩子很结实，脸色红润，四肢粗壮，嘴里嚼着零食，想都没有想过把书包接过来，当然更不可能让年迈的爷爷（奶奶）坐。这就是自我矮化——爷爷成了孙子，而孙子成了爷爷。如果一个人不要尊严，心甘情愿地侍候人，所谓的有儿做"儿奴"，有孙做"孙奴"，而且乐此不疲，那么别人，包括亲儿子亲孙子在内，又怎么能够去尊敬你？谁会看得起一个奴隶？

孝道的本质是敬爱，敬是爱的前提，所以如果老年人要想使自己的生活中多一些孝道，必须保证自己的所作所为让人敬重。孝道的实现需要共建，是老年人与年轻人共同努力的结果。

教育得法

　　在弘扬孝道方面，第一要做到的是对晚辈教育得法。

　　可能没有人会不同意，孝道需要培养，然而不少人却以为，这是一个自然而然的过程，只要长辈付出足够的爱心，必能收到爱的回报，晚辈一定会孝敬自己。这种认识没有什么不对，问题在于，你付出的爱是什么？正是在这里，人们陷入了误区。

　　如今的中国人爱子女是出了名的，骗子一个"绑架"电话就足以使家长昏头，一个立志出人头地名叫简燕飞的失意赌徒只用一部手机，便成功作案20多起，收到赃款60余万元。作案手法很简单，随便拨通一个电话，厉声喊道：你的孩子被绑架了，赶快缴赎金！同时话筒中传出孩子凄惨的哭叫声：妈妈快来救我。如果可巧这家有上学的孩子，简燕飞就差不多得手了，因为大多数事主顿时乱了方寸，乖乖地遵照对方指挥立即将赎金汇出去，片刻都不敢耽误。人们的这种表现，正是如今父母之爱的反映——爱之深、爱之切，同时又不辨是非，毫无原则。人们把这类爱叫溺爱，古人称之为妇人之仁，表示爱的滥用，它最容易发生在母亲身上，朱熹说的"妇人之仁，只流从爱上去"，表达的就是这个意思（《朱子性理语类卷第四》），除了爱不讲别的。

溺爱往往出于两种心理，一是生怕孩子受委屈。一个不富裕的家庭，父母省吃俭用，竭尽全力满足女儿的各种要求，他们包办一切，让女儿过着饭来张口衣来伸手的生活，每当孩子想自己做点事，父母便以"你的任务是学习"为由而加以制止。另一种心理是生怕孩子吃亏。上海一个小学生在回答"如果你是孔融，你会怎么做"的问题时，说"我不会让梨"，引发热议。网名"超强风"支持这个小学生，说：在当今社会，不能再推崇"孔融让梨"了。我们应该强调的是发奋挣钱买更多的梨。那么，这样的爱能换来孝敬吗？上面那个包办一切的母亲给女儿写了封信，说："女儿，是妈妈错了……你的自理、自立能力让我一点点扼杀了。你变了，变得对父母的节俭不知珍惜，对50多岁老妈的悉心照料受之坦然。"这位妈妈终于尝到了苦果，她付出了那么多爱，收获的却是麻木。至于对那位主张小孩子不让梨的网友，我们只想说，如果你告诉你的孩子不要把手中的梨让给别人，那么他也不会把梨让给你，无论是现在还是将来。

上述表明，仅仅凭着爱是得不到爱的，孝敬需要学习，要让晚辈懂得孝道，还必须在爱中加入教育。其实，教育也是一种爱，是更理智的爱。那么我们应该怎样教育晚辈呢？进一步说，应该主要抓住什么呢？回答是艰苦。就是孔子说的"爱之，能勿劳乎？忠焉，能勿诲乎？"（《论语·宪问》）爱护一个人，能不让他劳苦吗？忠诚一个人，能不给他规劝吗？

常言说"寒门出孝子"。寒门，穷苦人家，一般人家，也可以理解为艰苦环境。这种境遇中的孩子知道父母不容易，心怀感恩，体谅难处，关心家庭生计，从小便知道为大人分忧，早早便树立起责任意识。湖南有一个男孩叫洪战辉，13 岁那年父亲突发间歇性精神病，母亲不堪忍受离家出走，本来家里已有一个弟弟，父亲又捡回一个女孩。作为长子的洪战辉勇敢挑起全家生活重担，为了养活一家四口，他像大人一样劳作，种地、拾荒、打零工、做小买卖，同时还要上学读书。后来他走进了校园，不是一个人，而是领着妹妹一块去，从高中到大学都带着妹妹。为了给父亲治病，他更是吃尽苦头，一次父亲发病，实在找不到钱，他在一家医院前跪求治疗。苍天不负苦心人，洪战辉感动了社会，河南一家医院主动接收了他的父亲，出走的母亲和打工的弟弟也相继回到家中，妹妹进入学校读书，两所大学为洪战辉提供了完成学业的机会。由于他勇于生活的强烈责任感，人们称他是"中国男孩"。洪战辉，一个现代版的寒门孝子。

孝道不光表现在子女对待父母上面，还表现为子女自身的发展，就是古人主张的，让父母放心，为家门争光。在这里，穷人家的孩子往往做得更好，所谓"寒门出贵子"。因为他们有着改变命运的强烈动力，善于克服艰难困苦，适应能力强，知道怎样为人处世，所以尽管他们在物质资源和社会资源占有上远远落后于人，但成就却更突出。洪战辉就是一例。承受那么大的生活压力，他居然凭一己之力，考上了河南省的一所重点高中。我们都知道重点高中意味着什么，那是继续升入大学的保证，这样的道路是多少人梦寐以求的，却被洪战辉这个穷小子实现了。

现在的孩子特别是城里的孩子最缺少的就是艰苦。他们生活在物质富足的时代，没有社会动乱，远离战争，吃好的穿名牌，在自己舒适的独立居室里玩高科技游戏，捧偶像追明星当粉丝，结果变得格外娇嫩脆弱，经受不了一点变化，承受不起一点责任。学校上体育课，学生七嘴八舌展开攻势。一个声音说：老师，咱班好多女生皮肤过敏。另一个声音接上来：这大太阳，会晒晕的。更多的声音说：老师，您就心痛心痛我们，把课停了吧。禁不住同学们苦苦哀求，老师将原先阳光下的投篮改成阴凉地运球。大家那份得意。学生的本职是学习，体育课是学习的一个科目，连这点苦都不愿意吃，照此下去还能干什么！指望着这样的接班人工作吗？劳动吗？救灾吗？打仗吗？说句刻薄话，敌人打过来恐怕连跑路都不会。"子不教，父之过"。孩子这样，责任不在他们，在长辈。

所以，当前最要紧的就是对孩子进行艰苦教育。主要是三点。

其一，促使孩子独立。有一位上海妈妈叫沙拉，父亲是犹太人。后来带着3个孩子迁居以色列。到了新国家后，她仍旧延续当前中国式教育理念，不让孩子干一点活儿，结果遭到邻居的嘲笑和批评，孩子的低能也使他们在与同学的交往中吃尽了苦头。犹太谚语说得好：谁溺爱孩子，就不得不有朝一日为他包扎伤口，当孩子因为伤口的疼痛叫喊时，你将为你愚蠢的溺爱而痛悔！于是她决定做一个"残酷妈妈"。她把家务分解给孩子，他们知道了生活的艰辛，渐渐形成了责任意识。孩子们开始学习赚钱，抢着为家里交付各种费用。她把困难转嫁到孩子们身上，逼得他们不得不树立自己养活自己的观念。为了生活，沙拉做春卷在社区里卖，雇用孩子当厨师和推销员，赚出自己的那份生活费。孩子们迅速成长起来，两个儿子成了富翁，一人送妈妈一把钥匙。大儿子的钥匙是别墅门上的，二儿子的钥匙是豪华轿车上的。沙拉说，最小的女儿也会送妈妈一把钥匙，那将是盛珠宝的盒子上的钥匙。

其二，培养孩子的责任意识。曾经主持过《大风车》《芝麻开门》等栏目的央视主持人董浩有一个女儿，在她十四五岁时，他便不断地跟女儿倾诉，把家里上有老下有小的难处灌输给她，还拿工作中那些不如意的事情跟她交流，身体不舒服了，也要让女儿知道，而且放大了说，为的就是在孩子意识中潜移默化地树立起责任感。对于小孩子，董浩主张，父母除了多陪他们游玩之外，最好还能安排一些共同的家务劳动，比如一起择韭菜、洗西红柿，让孩子体会到家务的不易。董浩说，往后你老了，他们会自觉尽孝，使家庭更和谐、温馨。董浩把这称作仁义礼智信的传统教育的细化。

其三，不给孩子提供过于优越的条件，不让他们做"富二代""官二代"，不让他们输在起跑线上。世界首富比尔·盖茨2004 年立遗嘱，给自己 3 个孩子每人留下 1000 万美元和价值 1 亿美元的家族住宅，这些钱占他个人资产的 2%，大头 98% 都捐给以他和妻子的名义设立的基金会，用于社会公益事业。2009 年年初，盖茨修改遗嘱，将自己 580 亿美元的财产全部捐给基金会，一分一厘也不留给子女。盖茨曾经说：把大量的金钱传给家人，对接受这些钱的人可能是件坏事。还有曾经排名世界第二富的股神沃伦·巴菲特，他决定将他财富的 85% 约合 370 亿美元捐赠给 5 个慈善基金组织。记者问他这是否意味着他的孩子们将失去一切。巴菲特说：活着，快乐最重要，亿万财富不会给人以能力和成长，反而会消磨你的激情和理想。盖茨和巴菲特不是个例,像他们一样的人有一批。

其实这也是中国古代智者的做法。南北朝梁武帝时,徐勉官至宰相,生活却很一般,家里没有积蓄。有人劝他为后人多想想,他说:别人留给子孙的是钱财,我留给子孙的是清白。子孙们有本事,自然会创造出财富;没本事,留给他们的东西再多,最终也会被人家拿走。他表示,自己要遵循前人说的给子孙留下满箱黄金也不如让他们掌握一技之长的古训。西汉宣帝时有一对叔侄高官,叔叔疏广任太傅,侄子疏受任少傅,一个是皇帝的老师,一个是太子的老师。叔侄二人辞职还乡,皇帝和太子送给老师不少黄金。回到家乡后,他俩把黄金都卖了,天天宴请族人故旧。有人劝疏广购置产业留给子孙,疏广说:我难道真的年迈昏庸到了连子孙也不顾的地步吗!我家原来就有田地和住宅,让子孙在田间勤劳耕作,收获足以满足衣食之需,过上跟普通人一样的生活。现在要是再增加产业,使他们的收入多有盈余,便会导致懈怠和堕落。贤良的人财产过多,会磨损心志;愚蠢的人财产过多,会增加过错。况且富人是大家怨恨的对象,我早晚得死,做不到一直教育他们,既如此,就不应该增加他们的过错而成为众矢之的。再说了,这些黄金本来是皇帝用来恩养老臣的,我与大家共享皇上的恩赐,以度过我的余生,不是很合适吗!还有汉朝开国功臣萧何。刘邦夺得天下,功臣纷纷置房子置地,丞相萧何也不例外。但他却有些奇怪,买地,专挑别人看都不看一眼的穷乡僻壤,造屋筑墙,不求大,不贪高,没有一点宰相府邸的气势。其实要论条件,谁也比不过萧何,刘邦在前线作战,萧何在后方经营，负责钱粮供应，哪里土地肥沃，哪里地势好，他一清二楚，却不选好的，只要次的。他说：如果后代有德，就学我的俭朴；如果后代无德，也不会招致权势之家的抢夺。他非常明白，钱财是祸，特别是在没本事的人手里。

别说，还真是这么回事。刘邦酬谢功臣，封侯143人，对他们发誓说：即使黄河变得像腰带一样狭窄，泰山变得像砥石一样矮小，各位列侯的封国食邑也将永存，传给后世子孙。刘邦将誓言用朱砂写下，杀白马祭告上苍，以示绝对不变。然而人算不如天算，过了四代，到了汉武帝时，当初功臣侯只剩下4家，其他的都被朝廷剥夺了。这些人的子孙骄奢淫逸，目无法纪，不仅本人丢掉了性命，封号和封地也被收回。什么叫天算？老子说："天之道，其犹张弓与？高者抑之，下者举之；有余者损之，不足者补之。天之道，损有余而补不足。"（《老子·第七十七章》）这里，老子把天道比作一张弓，拉开弓的时候，弓背的上端在弓弦的作用下被压低，而下端则被提高。"道"的规则是，高的下压，低的提升，多余的去掉，不足的补上，所以说天的道理是减损有余的而补充不足的。富家子弟大多没出息，走下坡路，直至败家；寒门子弟奋发图强，走上坡路，终于成事，大家彼此拉平，这就是天算。盖茨们聪明，不等上天动手，自己先行一步，争取主动，避免了可能降临在子孙头上的灾难。

这说的是家长对后代的教育。同时社会也不能闲着，应该为孝道的弘扬拿出具体措施。一些企业已经这样做了。河南有家公司，招工不仅要考核业务，还要考核孝道，职工被录用后，在不断进行的业绩考核中，孝道实绩仍然是一个重要指标。不重视孝道者不能进公司，不孝敬父母长辈者不能留在工作岗位上。公司董事长算计得很精：一个在家里不孝敬父母的人，在企业中也不会是一个忠诚的人；在家里与兄弟姐妹处不好关系的人，在企业中也不会与同事配合好。山东滨州有家企业，给职工发放工资，额外增加200—500元，多出的这部分是专门给职工父母的，必须交到双亲手里，以此促使职工尽孝。企业共有员工7000人，至今这笔费用累计达5000万元。有的地方政府已经这样做了。甘肃省金昌市规定，不孝敬父母、不善待配偶的干部一概不予提拔。市委书记说：提拔使用的领导干部，如果连自己的亲生父母都不孝敬，连妻子儿女都不关心，怎么能谈得上爱党、爱国、爱人民？怎么能担当起领导人、教育人的重任？根据这一规定，已有三名干部在考核中被一票否决。

总之，孝道的受益者不只是家庭，也包括社会，孝道的弘扬离不开教育，需要家庭、学校、政府以及企业一起努力。

结 语

1 孝道的消亡与光大

孝道作为一种意识形态，作为支配人生、家庭、社会、文化、价值等各个领域的普遍规则已经消亡，因为它赖以存在的经济基础以及所服务的家庭关系、政治制度、思想体系业已瓦解。然而它作为一种思想意识、一种道德规范、一种心理感情却仍旧存在着，并且继续在家庭生活和社会生活中发挥作用。在几千年连绵不断的传承中，由一代又一代人的重复实践所加强，孝道被铸成了民族心理中最稳定的因子，牢牢地印刻在每一个华人身上；同时，人们的现实生活也需要孝道，它是个人幸福的依托，是家庭美满的基础，是社会和谐的条件，所以孝道又不会消亡。

2 孝道与主流价值

凡是正常社会，其价值环境一定呈现多元性。古代中国就有儒家价值观、道家价值观、佛家价值观、法家价值观，等等。当今中国社会也存在着多种价值观，有传统文化的、毛泽东时代的、当代西方的，等等。多元并不意味均等，事实上也不可能均等，不管是愿意还是不愿意，不管是扶持还是不扶持，社会都要进行选择、建构，最终确立主流价值观，以此来凝聚人心，彰显是非，明确方向，引领前行。历史上儒家在中国就起着主流作用，基督教在西方也起着这种作用。可见，确立和形成主流价值观同样是正常的。就是说，多元而主流才是合理的。在社会转型大变局所带来的个性解放中，我们许多人失去了最终价值依托，不知道应该把自己与何种永恒目标相联系，由于人生缺少明确而牢固的抓手，我们生活得很漂浮、很惶惑、很不安。那么我们能够依托终身的是什么呢？孝道曾经是最终价值，它所代表的祖先、血脉和父权渐行渐远，但亲情留了下来。在今天中国人心目中，没有什么比亲情更根本的了，也没有什么能够取代它的位置了。这就提示我们，亲情可以成为建构主流价值观的一个基本要素，这也是孝道在今天的诸种现实意义中最为重大的意义。相信随着孝道的弘扬，亲情在我们生活中将会越来越重要。

附 FU

录 LU

中华优秀传统文化是什么

孝道第一课

附录一
本书主要参考文献

1 《论语》

由孔子的学生整理，主要记录孔子的言行，间杂弟子的言论。《论语》是儒家最重要经典，"四书"[①]之一。程颐将它与《孟子》列为学人的根本，说只要把这两本书学好了，"六经"[②]不学就明白了（《近思录·格物穷理》）。

孔子（前551—前479），春秋末期鲁国平陬（zōu）邑（今山东省曲阜市）人，名丘，字仲尼，儒家学派创始人。一生以办学授道为业，50岁后入仕，曾任鲁国司寇，掌管全国的刑法和治安。55岁后，孔子周游列国，宣传自己的政治主张。68岁返回鲁国，73岁去世。孔子是中国影响最大的思想家，被后世尊为圣人。

2 《孟子》

孟子著。一说由孟子及其弟子合著。

孟子（约前372—约前289），战国中期邹国（今山东省邹城市）人，名轲，字子舆。师从孔子的孙子孔伋（jí，即子思）的学生，

---

① 　四书：朱熹曾为四部重要著作做注释，它们是《论语》《孟子》《大学》《中庸》，统称《四书章句集注》，简称四书。
② 　六经：《易》《书》《诗》《礼》《春秋》《乐》。

属于孔子的第四代传人。他的一生与孔子很像，传道授业，周游各国，推行"王道"的政治理念。晚年回归故里，教育人才，著书立说。孟子的学术贡献很大，是儒家学说发展史上里程碑式的人物，孔子言论中许多隐性的东西经他推绎、引申和发挥，成为显性思想；而原来一些显性的东西又被他发扬光大，更加鲜明，被后人尊为仅次于孔子的亚圣。

3 《孝经》

儒家十三经之一，是儒家阐释孝道理念及其伦理道德的专著，为历代孩童启蒙教材。战国魏文侯、晋元帝、梁武帝、梁简文帝、唐玄宗、清世祖、清圣祖、清世宗等君主和500余位学者先后为其作注解。

一种说法认为，《孝经》为孔子的孙子、曾参的弟子孔伋所作。孔伋同时是《中庸》的作者。他曾经担任鲁国君主鲁缪公的老师，被后人尊为述圣。

附录二
《孝经》文白对照

开宗明义章第一

　　仲尼居，曾子侍。子曰："先王有至德要道，以顺天下，民用和睦，上下无怨，汝知之乎？"曾子避席曰："参不敏，何足以知之？"子曰："夫孝，德之本也，教之所由生也。复坐，吾语汝！身体发肤，受之父母，不敢毁伤，孝之始也。立身行道，扬名于后世，以显父母，孝之终也。夫孝，始于事亲，中于事君，终于立身。《大雅》云：'无念尔祖，聿修厥德。'"

白　话

　　孔子闲居，弟子曾参随侍在侧。孔子说："古代圣王拥有最美好的德行，懂得最重要的治国方法，从而用它来理顺天下，使民众和睦，上下团结，你知道它是什么吗？"曾参离席起身回答："学生愚钝，哪里能够懂得这么深刻的问题？"孔子说："这就是孝道。孝道是道德的根本，教化由此而生。坐回去吧，听我跟你说！子女肉体的一切都来自父母，必须精心爱护，不能受到破坏和伤害，这是孝道的起始。以道德立身，践行道义，留给世人好名声，从而彰显父母的荣耀，这是孝道的归宿。孝道从侍奉双亲开始，然后是为国家忠诚服务，最后是建功立业。《诗经·大雅·文王》唱道："时时念及你先祖，学习榜样修德行。'"

天子章第二

原 文

子曰："爱亲者，不敢恶于人；敬亲者，不敢慢于人。爱敬尽于事亲，而德教加于百姓，刑于四海。盖天子之孝也。《甫刑》云：'一人有庆，兆民赖之。'"

白 话

孔子说："亲爱自己父母的人，不敢厌恶天下人的父母；尊敬自己父母的人，不敢轻慢天下人的父母。将亲爱和尊敬完全用来侍奉父母，而以道德教化施加于百姓，并把这种德行和治国方法作为天下范式，这大概就是天子之孝了。《甫刑》说：'天子一人能够做到孝敬父母，亿万民众便有了依靠。'"

诸侯章第三

"在上不骄，高而不危；制节谨度，满而不溢。高而不危，所以长守贵也；满而不溢，所以长守富也。富贵不离其身，然后能保其社稷，而和其民人，盖诸侯之孝也。《诗》云：'战战兢兢，如临深渊，如履薄冰。'"

孔子说："位于一国臣民之上不自满，尽管高高在上也没有危险；生活节制，恪守礼法，尽管财富丰裕也不能被腐蚀。身居高位而不出现危险，就可以长久保持高贵地位；财富丰裕而不被腐蚀，就可以长久保持富足。守住富贵，由此保住自己的国家，与治下的民众和谐一致，这大概就是诸侯之孝了。《诗经·小雅·小旻》唱道：'战战兢兢过日子，好比站在深渊旁，好比走在薄冰上。'"

卿大夫章第四

原文

"非先王之法服不敢服，非先王之法言不敢道。非先王之德行不敢行。是故非法不言，非道不行；口无择言，身无择行；言满天下无口过，行满天下无怨恶。三者备矣，然后能守其宗庙。盖卿大夫之孝也。《诗》云：'夙夜匪懈，以事一人。'"

孔子说："不是古代圣王规定的服饰不敢穿，不是古代圣王讲述的语言不敢说，不是古代圣王遵循的德行不敢做。所以，不说不符合礼法的话，不做不符合道义的事；说出的话没有不经过深思的，做出的事没有不经过熟虑的；即使说的话哪怕天下人都能够听到，也挑不出毛病，即使做的事哪怕天下人都能够看见，也找不到失误。实现了这三条，由此保住自己的家庙，这大概就是大夫之孝了。《诗经·大雅·烝民》唱道：'早晚勤公事，只为侍君上。'"

士章第五

原文

"资于事父以事母，而爱同；资于事父以事君，而敬同。故母取其爱，而君取其敬，兼之者父也。故以孝事君则忠，以敬事长则顺。忠顺不失，以事其上，然后能保其禄位，而守其祭祀。盖士之孝也。《诗》云：'夙兴夜寐，无忝尔所生。'"

白话

　　孔子说："以侍奉父亲的态度来侍奉母亲，使她得到一样的亲爱；以事奉父亲的态度来事奉君主，使他得到一样的尊敬。这样，母亲就可以得到儿子的亲爱，君主就可以得到臣子的尊敬，而父亲得到的则是二者兼之，既亲爱又尊敬。所以，把对父亲的孝敬用于事奉君主，就能够做到忠诚；把对父亲的尊重用于事奉长者，就能够做到顺从。恪守忠诚和顺从，事奉处于上位的人，由此保住自己的收入和地位，从而守住祭祀祖先的资格，这大概就是士人之孝了。《诗经·小雅·小宛》唱道：'早起晚睡多勤奋，不要辱没父母名。'"

庶人章第六

原文

　　"用天之道，分地之利，谨身节用，以养父母，此庶人之孝也。故自天子至于庶人，孝无终始，而患不及者，未之有也。"

白话

　　孔子说："利用天时，分辨地利，努力生产得到收获，克制自己，节衣缩食，以便能够赡养父母，是庶人之孝。可见上至天子下到庶人，从头到尾都贯彻着孝道，人人都能够根据自己的地位、按照自己的责任尽孝，所以谁要是担心自己做不到孝敬，是完全多余的。"

三才章第七

曾子曰："甚哉！孝之大也！"子曰："夫孝，天之经也，地之义也，民之行也。天地之经，而民是则之。则天之明，因地之利，以顺天下，是以其教不肃而成，其政不严而治。先王见教之可以化民也，是故先之以博爱，而民莫遗其亲；陈之于德义，而民兴行；先之以敬让，而民不争；导之以礼乐，而民和睦；示之以好恶，而民知禁。《诗》云：'赫赫师尹，民具尔瞻。'"

白话

曾参听罢，赞道："精深啊！孝道太伟大了！"孔子说："孝道，乃是天经地义，是人类的行为准则。天地的规则，人类一定要遵循。君主效法上天普照万物，效法大地承载万物，以孝道来治理国家，理顺民心，所以治国无须通过苛刻的手段就能够收到功效，理政无须采取严厉的措施就能够达到治理。古代圣王看到这种教化可以改变民众，因此带头实行博爱，在他们的示范下，没有人遗弃自己的亲人；努力宣传道德，在他们的影响下，人们盛行义举；带头互敬互让，在他们的感召下，人们不再争斗；

注重以礼制和音乐进行引导，在他们的带动下，人们和睦相处。统治者表现出好恶，民众就会追随，做统治者喜欢的，不做统治者厌恶的。《诗经·小雅·节南山》唱道：'赫赫尹太师，人人看着你。'"

孝治章第八

子曰："昔者明王之以孝治天下也，不敢遗小国之臣，而况于公、侯、伯、子、男乎？故得万国之欢心，以事其先王。治国者，不敢侮于鳏寡，而况于士民乎？故得百姓之欢心，以事其先君。治家者，不敢失于臣妾，而况于妻子乎？故得人之欢心，以事其亲。夫然，故生则亲安之，祭则鬼享之。是以天下和平，灾害不生，祸乱不作。故明王之以孝治天下也如此。《诗》云：'有觉德行，四国顺之。'"

白 话

孔子说："从前圣明的君主实行的是以孝道治理天下，即便是对小国的臣子也不敢怠慢，何况是那些有着公、侯、伯、子、男爵位的诸侯呢？故而能够得到众多诸侯国的拥戴，前来祭祀君主的先王。各国诸侯实行以孝道治理国家，即便是对鳏夫和寡妇也不敢轻慢，何况是那些士人和庶民呢？故而

能够得到百姓的拥戴，前来祭祀诸侯的先君。卿大夫实行以
孝道治理家族，即便是男仆女婢也不敢忽视，何况是妻子和
儿子呢？故而能够得到族人的爱戴，侍奉卿大夫的父母尊亲。
这样就可以做到，父母在世的时候以事奉双亲来使他们获得
安乐，离世以后以祭祀鬼神来使他们得到享受。由此天下和
睦太平，天不降灾，人不作乱。这就是圣明君主以孝道治理
天下的成果。《诗经·大雅·抑》唱道：'天子德行若端正，
各国民众便归顺。'"

圣治章第九

曾子曰："敢问圣人之德，无以加于孝乎？"子曰："天地
之性，人为贵。人之行，莫大于孝。孝莫大于严父，严父莫大于
配天，则周公其人也！昔者，周公郊祀后稷以配天，宗祀文王于
明堂以配上帝。是以四海之内，各以其职来祭。夫圣人之德，又
何以加于孝乎？故亲生之膝下，以养父母日严。圣人因严以教敬，
因亲以教爱。圣人之教，不肃而成，其政不严而治，其所因者，
本也。父子之道，天性也，君臣之义也。父母生之，续莫大焉！
君亲临之，厚莫重焉！故不爱其亲，而爱他人者，谓之悖德。不
敬其亲而敬他人者，谓之悖礼。以顺则逆，民无则焉！不在于善，
而皆在于凶德，虽得之，君子不贵也！君子则不然，言思可道，

行思可乐，德义可尊，作事可法，容止可观，进退可度。以临其民，是以其民畏而爱之，则而象之。故能成其德教，而行其政令。《诗》云：'淑人君子，其仪不忒。'"

　　曾参说："我冒昧地问一句，圣人的德行有没有比孝道更重要的？"孔子答："天地间的生命，以人最为尊贵。人的行为，以孝道最为优先。孝道中，没有比尊崇父亲更大的了，对父亲的尊崇，没有比他在世时将其视为上天、去世后将其配享上天更大的了，周公就是这样做的。从前，他在郊祭上天时以其始祖后稷配享，在明堂祭祀五帝时以其父亲周文王配享，所以天下诸侯都按照各自职责前来助祭。圣人的德行，有哪一项比得上孝道有如此大的实绩呢？人在幼年时便因为父母的慈爱而产生敬爱双亲之情，成人后又因为侍奉父母而加深这种感情。圣人通过人们对父亲的敬意而把他们引向敬畏，通过人们对母亲的爱意而把他们引向仁爱。所以圣人走的是教化的道路，不必利用苛刻的手段就能够收到功效，不必采取严厉的措施就能够达到治理，其中的缘由，就在于抓住了孝道这个根本。父子之间的关系属于天性，包含着君臣之间的规矩。父母生下子女，子女传宗接代，孝道中没有比这更要紧的了！父亲对儿子既有君主般的威严，又有血脉亲情，人伦中没有比这更厚重的了！所以，不亲爱自己的父母而去亲爱别人的父母，说他是违背道德。不尊敬自己的父母而去尊敬别人的父母，说他是违背礼义。自己这样做，却想让民众顺从，只能造成反叛。不实施善政，胡作非为，这样的统治者即使一时得逞，正派人也绝不看重他。君子则不是这样，他说话要经过思索，使民众称道；他行动要经过思索，使民众高兴；他立德行义，使民众尊敬；他订立制度，使民众效法；他注重容貌举止，使民众瞻仰；他进退有据，使民众理解。正由于引领民众的人具备这样的品质，才引起民众的敬畏和爱戴，从而以他为榜样，由此成就他的德治教化，推行他的政令。《诗经·曹风·鸤鸠》唱道：'有德美君子，仪容无差错。'"

纪孝行章第十

子曰："孝子之事亲也，居则致其敬，养则致其乐，病则致其忧，丧则致其哀，祭则致其严。五者备矣，然后能事亲。事亲者，居上不骄，为下不乱，在丑不争。居上而骄则亡，为下而乱则刑，在丑而争则兵。三者不除，虽日用三牲之养，犹为不孝也。"

白 话

孔子说："孝子侍奉双亲，在日常里要极尽尊敬，在赡养上要极尽快乐，在病榻前要极尽忧虑，在丧葬时要极尽哀伤，在祭祀中要极尽严肃。五个方面都符合了，才可以说做到了侍奉双亲。作为孝子，在外面处于高位不骄横，处于下位不犯上，处于卑贱不争夺。
处于高位而骄横，一定灭亡。处于下位而犯上，一定遭受刑罚。处
于卑贱而争夺，一定引来凶杀。这三样不戒除，就是每天给父母吃
牛羊猪肉做成的大宴，也是不孝之子。"

五刑章第十一

子曰："五刑之属三千，而罪莫大于不孝。要君者无上，非
圣人者无法，非孝者无亲，此大乱之道也。"

白　话

孔子说："应该遭受墨、劓、刖、宫、大辟这五类刑罚的罪状
有 3000 条，所有这些罪行都没有比不孝之罪更严重的了。胁迫
君长的人是不敬畏上，诽谤圣人的人是不敬畏法，非议孝道的人是
不敬畏亲，这三种不敬畏是导致大乱的根本原因。"

广要道章第十二

原　文

子曰："教民亲爱，莫善于孝。教民礼顺，莫善于悌。移风

易俗，莫善于乐。安上治民，莫善于礼。礼者，敬而已也。故敬
其父则子悦，敬其兄则弟悦，敬其君则臣悦。敬一人而千万人悦，
所敬者寡，而悦者众，此之谓要道也。"

孔子说："教化民众相亲相爱，没有比孝道更好的方法了。教
化民众遵守礼制，没有比悌道更好的方法了。移风易俗，没有比
倡导音乐更好的方法了。安定国家、治理民众，没有比推行礼制更
好的方法了。礼的实质就是尊敬。礼敬他人的父亲，其儿女一定高
兴；礼敬他人的兄长，其弟弟一定高兴；礼敬他人的君主，其臣民
一定高兴。礼敬一个人而千万人因此高兴。礼敬的对象虽然很少，
但高兴的人却很多，这就是为什么说孝道是治国之本的原因了。"

广至德章第十三

子曰："君子之教以孝也，非家至而日见之也。教以孝，所
以敬天下之为人父者也。教以悌，所以敬天下之为人兄者也。教
以臣，所以敬天下之为人君者也。《诗》云：'恺悌君子，民之
父母。'非至德，其孰能顺民如此其大者乎？"

孔子说:"天子教导民众行孝,并不需要挨家挨户地去告诉人们应该怎样做,只要自己亲身演示就能够达到目的。天子像敬重自己的父亲一样举行敬老之礼,民众就会孝敬父母。天子像敬重自己的兄长一样举行敬长之礼,民众就会敬重兄长。天子像臣子一样举行敬天、敬祖之礼,民众就会敬重君主。《诗经·大雅·泂酌》唱道:'和善平易真君子,为民父母敬又亲。'不具备这样的德行,怎么能够顺应民意树立起如此高大的形象?"

广扬名章第十四

原文

子曰:"君子之事亲孝,故忠可移于君;事兄悌,故顺可移于长;居家理,故治可移于官。是以行成于内,而名立于后世矣!"

孔子说:"君子侍奉双亲树立孝道,得以将孝转移到君主身上,是谓忠;服从兄长树立悌道,得以将悌转移到长者身上,是谓顺;管理家务获得方式方法,得以将其转移到为官,是谓治理。君子的德行是在家庭中奠定的，通过对国家的贡献而名扬后世！"

谏诤章第十五

原 文

曾子曰："若夫慈爱、恭敬、安亲、扬名，则闻命矣。敢问子从父之令，可谓孝乎？"子曰："是何言与？是何言与？昔者，天子有争臣七人，虽无道，不失其天下。诸侯有争臣五人，虽无道，不失其国。大夫有争臣三人，虽无道，不失其家。士有争友，则身不离于令名。父有争子，则身不陷于不义。故当不义，则子不可以不争于父，臣不可以不争于君。故当不义则争之。从父之令，又焉得为孝乎？"

白 话

曾参说："关于对父母亲爱和恭敬、使他们安然、儿子扬名为他们增光的道理，学生已经聆听教诲了。学生要冒昧请教的是，子女听从父母的吩咐，是不是就尽到孝了？"孔子说："这叫什么话！这叫什么话！从前，天子设置三公、四辅这七位大臣以听取劝谏，即使天子无道，由于有七位大臣的匡正，也不至于失掉天下。诸侯设置孤卿、三卿、上大夫这五位大臣以听取劝谏，即使诸侯无道，由于有五位大臣的匡正，也不至于失掉国家。大夫设有家相、宗老、邑宰这三位家臣以听取劝谏，即使大夫无道，由于有三位家臣的匡正，也不至于失掉家族。士人有直言相劝的朋友，便不至于失掉好名声。父亲有能够进行规劝的儿子，便不至于陷于违背道义的境地。所以一旦发现父亲的过错，儿子不可以不给予谏争，正如臣子在君主做得不对的时候进行劝阻一样。只要不合道义就要给予规劝，一味顺从父亲，又怎么够得上孝道呢？"

感应章第十六

原 文

子曰："昔者明王，事父孝，故事天明；事母孝，故事地察；长幼顺，故上下治。天地明察，神明彰矣。故虽天子必有尊也，言有父也；必有先也，言有兄也。宗庙致敬，不忘亲也。修身慎行，恐辱先也。宗庙致敬，鬼神著矣。孝悌之至，通于神明，光于四海，无所不通。《诗》云：'自西自东，自南自北，无思不服。'"

白 话

孔子说："从前，圣明的君王对父亲奉行孝道，故而祭祀上天时能够做到诚心诚意，上天明了他的心意；圣明的君王对母亲奉行孝道，故而祭祀大地时能够做到诚心诚意，大地体察他的心意；圣明的君王尊敬兄长爱护幼弟，故而国内上下有序。君王诚心诚意地对待上天和大地，上天和大地明了体察君王，双方相得益彰。所以至高无上的天子也一定有比他更尊贵的人，这就是他的父亲；也一定有比他更年长的亲人，这就是他的兄长。设立宗庙祭祀，表达崇敬，说明天子不敢忘掉逝去的亲人。因为心中有祖先，天子必须修身慎行，唯恐辱没先人。宗庙祭祀，沟通的是天子与祖先的神灵。天子在孝悌上做得好，就能够通达天地、神灵，使德行之光普照四海，孝道无所不至。《诗经·大雅·文王有声》唱道：'从西向东从东向西，自南至北自北至南，凡有人处莫不归服。'"

事君章第十七

原 文

子曰："君子之事上也，进思尽忠，退思补过，将顺其美，匡救其恶，故上下能相亲也。《诗》云：'心乎爱矣，遐不谓矣，中心藏之，何日忘之！'"

白 话

孔子说："君子事奉君主，在朝为官时应该思考的是尽忠，退职闲居时应该思考的是补过，对君主正确的举措要坚决执行，对君主的过错要谏诤匡正，由于心怀赤忱，上下得以相亲相爱。《诗经·小雅·隰桑》唱道：'我民爱君子，难以对他讲，爱心存心间，永远忘不了！'"

丧亲章第十八

 原 文

子曰："孝子之丧亲也，哭不哀，礼无容，言不文，服美不安，闻乐不乐，食旨不甘，此哀戚之情也。三日而食，教民无以死伤生，毁不灭性，此圣人之政也。丧不过三年，示民有终也。为之棺、椁、衣、衾而举之；陈其簠簋而哀戚之；擗踊哭泣，哀以送之；卜其宅兆，而安措之；为之宗庙，以鬼享之；春秋祭祀，以时思之。生事爱敬，死事哀戚，生民之本尽矣，死生之义备矣，孝子之事亲终矣。"

 白 话

孔子说："子女失去父母，悲伤哭泣，但不可哭出节奏，不能带出尾声；接待前来吊唁的人，不必拘泥于礼仪要求的容止，自然就好；说话也一样，可以不经修饰，意思清楚就行。这时候，子女身着华美的衣服一定会不安，耳听优美的音乐一定会不快，口食甘美的食物一定会无味，这都是悲痛哀伤的心情所导致的，所以一定会不同平常。但三天之后，子女必须进食。人不可以因为哀悼死亡而损伤生命，以死伤生是违背人性的，这就是圣人告诉我们的道理。什么事情都有终结，子女守孝三年足矣。安葬父母，有棺材、外椁、衣服就可以了，子女通过陈列方形器皿簠和圆形器皿簋表示哀戚之情，然后悲伤哭泣送别亲人灵柩，前往墓地。占卜安葬日期和墓穴，安葬逝去的父母。将父母的灵位请进宗庙祠堂，用酒食进行祭祀。一年中季节变换之际祭祀先人，适时表达思念之情。父母在世的时候子女奉献亲爱尊敬，父母去世的时候子女表达悲哀忧伤，就是尽到人的本分了，生给予爱敬，死给予哀戚，生死都达到了要求，子女在孝道上可以说是完成了。"

图书在版编目（CIP）数据

孝道第一课 / 高路著. —北京：中国国际广播出版社，2017.10
（2020.7重印）
（中华优秀传统文化是什么）
ISBN 978-7-5078-4053-7

Ⅰ. ① 孝… Ⅱ. ① 高… Ⅲ. ① 孝－文化－中国－通俗读物
Ⅳ. ① B823.1-49

中国版本图书馆CIP数据核字（2017）第162442号

孝道第一课

著　　者	高　路	
策　　划	王钦仁　张娟平	
责任编辑	孙兴冉	
版式设计	国广设计室	
责任校对	徐秀英	

出版发行	中国国际广播出版社 ［010-83139469　010-83139489（传真）］
社　　址	北京市西城区天宁寺前街2号北院A座一层
	邮编：100055
网　　址	www.chirp.com.cn
经　　销	新华书店
印　　刷	郑州市毛庄印刷厂

开　　本	640×940　1/16
字　　数	200千字
印　　张	20.5
版　　次	2017 年 10 月 北京第一版
印　　次	2020 年 7 月 第三次印刷
定　　价	36.00 元